生态文明建设思想文库（第二辑）

主编 杨茂林

国家治理体系下的
生态文明建设

徐筝 郭霞／著

GUOJIA ZHILI TIXI XIA DE
SHENGTAI WENMING JIANSHE

山西出版传媒集团　山西经济出版社

编委会

总　序

　　生态文明建设既是我国当前和未来的重大战略性任务,也是实现联合国《21世纪议程》提出的可持续发展的重要前提,同时,它还是我国发展理念的一次深刻变革。正因为如此,党的十九大将生态文明建设放在了我国发展战略的最重要的位置。习近平同志在党的十九大报告中把生态文明建设提到了前所未有的高度,他指出:"生态文明建设功在当代、利在千秋""建设生态文明是中华民族永续发展的千年大计"。很清楚,这就为促进我国生态文明建设指出了明确的方向。

　　为了推动生态文明建设,使学术研究能对我国生态文明建设做出理论上的贡献,我们组织不同专业领域的大学教师,及社科研究人员撰写了与生态文明建设直接相关的著作系列,亦即《生态文明建设思想文库》(以下简称《文库》)。该《文库》第一辑2017年已经正式付梓。业已出版的《文库》第一辑,具体由《自然的伦理——马克思的生态学思想与当代价值》《新自由主义经济学思想批判——基于生态正义和社会正义的理论剖析》《自然资本与自然价值——从霍肯和罗尔斯顿的学说说起》《新自由主义的风行与国际贸易失衡——经济全球化导致发展中国家的灾变》《区域经济的生态化定向——突破粗放型区域经济发展观》《城乡生态化建设——当代社会发展的必然趋势》《环境法的建立与健全——我国环境法的现状与不足》七本书构成,它是我们对生态文明建设研究的阶段性成果。

　　在业已出版的上述《文库》基础上,结合党的十九大与生态文明建设直接相关的顶层设计方案,《文库》编委会进一步拓展了生态文明建设方面的学科研究范围,并在此基础上组织撰写了《文库》第二辑。第二辑的内容是在第一辑基础上,对与"生态文明建设"直接相关的、诸多学科领域的系统化探讨,其内容具体包括:《国家治理体系下的生态文明建设》《生态环境保护的公益诉讼制度研究》《经济协同论》《能源变革论》《资源效率论》《大数据与生态文明》《人工智能的冲击与社会生态共生》《"资本有机构成学说"视域中的社会就业失衡》《环境危机下的社会心理》《生态女性主义与中国妇女问题研究》共十本学术专著。这十本书,围绕生态文明建设的基本思路,规定了我们所要研究的大体学科范围。《文库》作者,也大都把与生态文明建设相关的、最为紧迫的学术问题作为自己研究的方向,各自从不同角度做出了专题性的理论探讨,同时奉献出他们在这些不同领域中对生态文明建设的较新认知和具有创造性的理论观点。

下面我们对《文库》第二辑的内容进行简要介绍和分析,以使读者从中了解到我们组织撰写这套《文库》的初衷及《文库》中各专业著述的大体内容。

其中,《国家治理体系下的生态文明建设》一书,由多年从事大学思政课教学工作的年轻学者、重庆外语外事学院徐筝女士撰写。多年来,她非常关心我国生态环境保护问题。由于在大学从事思政课教学工作,所以对我国生态环境保护的顶层设计意图,及国家的相关政策和决策方针方面非常关注。同时,她也十分关心国家治理体系对我国生态文明建设的重要性。正因如此,在本书中,她对顶层设计下的生态文明之治,抑或国家治理体系下的生态文明建设问题做了系统化阐述与分析,以便更有利于对我国生态文明建设的实践做出科学性的说明。她认为,生态文明建设,当然首先涉及生态环境的治理问题。而具体到后者,又将蕴涵三个基本要素,亦即治理主体、治理机制和治理效果三个方面。为了厘清生态环境治理在各主体间的权责关系及特点,她详细讨论了它们之间的权力规定,并认为,虽然生态环境保护既属于政府治理范畴,也属于公共群体实践运作的目标;既是国家层面的战略规定,也是社会范畴的治理内容,但在不同的权力主体中,国家无疑是压倒一切的最重要的权力主体。因为,国家是整个社会前进的"火车头"和导向者,与社会范畴的其他主体相比,国家有着重要的统摄性力量,而其他主体均在国家主体的统摄范畴之中。生态文明建设,一旦成为国家的政治决策和战略目标,将会产生巨大的力量。在此前提下,国家主体将同其他主体,包括地方企业,连同群众性的社会团体等,形成上下互动、纵横协调的治理运行系统,从而确保生态环境保护和治理的高效协调性,确保人与自然之间关系的和谐共生,同时也确保"生态文明建设公共利益最大化的治理目标"得以完成。

该书由3编10章构成全书的整体结构和框架。其中,第一编主要阐述"问题分析:生态文明建设与国家治理的关系",它揭示了生态文明建设概念的基本内涵、主旨及当今生态文明建设的最新情况,连同历史演化等问题。第二编是对"实践与探索:国家治理是中国生态文明建设的必由之路"的相关论述,主要阐述国家治理体系下生态文明建设的运营情况、监管体系、市场机制和创新模式等。第三编则是对生态文明建设的中国之治的介绍,针对中国治理模式的发展历程、理论研究、动力机制和优势特点进行探讨;通过对绿色低碳模式、循环发展模式、绿色消费模式等方面的探索,实证性地说明了中国生态文明建设的现状。

《生态环境保护的公益诉讼制度研究》一书,由有环境执法工作经历,及从事高校教学工作多年的重庆外语外事学院副教授蔡静女士撰写。她在教学和从事环境执法工作的实践中,对引起社会广泛关注的司法热点——"环境公益诉讼"问题十分关注,并对之进行了法学理论上的相关探讨。她认为,"环境公益诉讼"在我国生态文明建设中是需要着重加以强调的方面,因为我国资源环境承载力已达到或接近上限。故此,基于"目的是全部法律的创制者"和"制度的技术构造总是以制度的预设功能为前提、基础和目标的"两方面的原因,在书中她建设性地强调:"环境公益诉讼",旨在最大限度地维护生态环境所承载的社会公共利益,以及它所具有的生态环境保护的功能。针对2012年以来我国"环境民事公益诉讼"和"环境行政公益诉讼"制度的运行情况,作者进一步分析指出:"环境公益诉讼",目前正在成为国家环境治理的有效方式,但同时还存在着司法保护环境公共利益功能不充分的问题。因而,作者又以实现环境公益诉讼及其预设功能等法学内容为逻辑主线,结合司法实践中存在的一些突出问题,重点对"环境民事公益诉讼"和"环境行政公益诉讼"之受案范围与管辖、适格主体、审理程序中的特别规则,连同社会组织提起环境公益诉讼的激励机制等问题进行了详细分析,并有针对性地提出相应的、具有创新性特点的法学建议。很清楚,其研究对"环境公益诉讼制度"的不断完善,对我国环境保护法规范畴法学理论条款的增设或创新来说有着重要的参考价值。

除前述与"国家治理体系"及"国家法律制度建构"层面紧密相关的两本学术著作之外,本《文库》还增设了《经济协同论》《能源变革论》《资源效率论》三本专业性的论著。这三本著作,也是《文库》第二辑的一个突出亮点,它既是与我国生态文明建设相关联的理论创新,又各自从不同角度,对以往新自由主义片面的经济增长观,抑或定势化的"GDP主义"发展方式进行了实质性的理论证伪。

其中,《经济协同论》由多年来一直从事经济学和生态学理论研究的山西财经大学教授李繁荣博士撰写。该书依据马克思主义生态学理论,依据党的十九大关于生态文明建设的重要指示精神,依据可持续发展的战略原则及哈肯《协同学》的方法论,全面论证了经济发展与生态文明建设之间的关系。基于这一前提,作者对传统的经济发展方式,尤其是由新自由主义经济学主导的发展方式进行了剖析与批评。事实上,此项工作在其之前的相关著述《经济思想批评史——从生态学角度的审视》(与《经济问题》杂志主编韩克勇先生合著)及《新自由主义经济学思想批判——基于生态正义和社会正义的理论剖析》中,已经得到全面展开。在本书中,这一思想同样贯穿其中。作者认为,新自由主义经济学思想及传统的经济发展方式,严重忽略了经济发展与自然生态系统平衡之间的协调关系,同时割裂了经济进步与社会公平之间的内在联系,割裂了"代内发展"与"代际发展"之间的关系。除此,新自由主义经济学思想,还忽略了发展过程对其他众多"序参数"的协同关注,其主要特征就是片面地追求经济增长这一"单一目标"。从历史的和逻辑的结果看,新自由主义经济学思想,已经导致福利经济学派庇古理论意义上的巨大的"外部不经济"(加勒特·哈丁称之为"公地悲剧")和社会范畴的严重两极分化。而《经济协同论》的理论观点则与之不同。如果说,《经济思想批评史——从生态学角度的审视》《新自由主义经济学思想批判——基于生态正义和社会正义的理论剖析》两书,是对传统经济发展方式,抑或新自由主义经济学思想"破"字在先的系统梳理,那么,《经济协同论》则更注重可持续发展经济学新范式的"立"的内容的理论建构。它是以经济、社会、生态多元目标的协同演化及其动态平衡关系为核心研究目标的,目的在于使之能够更有效地服务于可持续发展战略及我国生态文明建设工作。另外,该书还以习近平同志 2016 年提出的"创新、协调、绿色、开放、共享"概念作为全书的理论架构,并借此对经济、社会、生态多元目标的有机整合过程进行了全方位分析。这种经济协同的运作方式,是在整体的有机机理中进行全面审视的。理论上,它不仅能纠正新自由主义经济学思想的片面性质,而且有助于对我国生态文明建设工作的系统解读。

《能源变革论》是由山西省社会科学院能源研究所两位副研究员,即姚婷女士和吴朝阳先生共同撰写。多年来,他们在从事能源理论的研究过程中,目睹了我国经济发展过度依赖不可再生性化石燃料,即煤炭资源的不合理情况。这种传统的能源经济发展方式,引发了对自然生态系统的严重破坏,使得山西有害气体过度排放、环境污染日益严重、地下水资源大量流失,等等,因而造成了山西自然生态系统的严重灾变。山西曾引以为荣的"能源重化工基地建设",在所谓"有水快流"发展思路指导下,煤炭超强度挖掘和开采,似乎给当时经济发展带来一时"繁荣",但生态环境失衡或破坏性的灾变也迅速凸显。据《中国环境报》2006 年 7 月 11 日报道:"山西挖一吨煤损失 2.48 吨地下水资源。"尤其在新自由主义风行的年代,片面的经济增长观曾经渗透到煤炭开采领域的各个角落,造成全社会对不可再生能源的依赖程度越来越大。这种建立在过度消耗不可再生性化石燃料——煤炭资源基础上的经济发展方式,显然是不可持续的。在实践中,它不仅违背了联合国《21 世纪议程》,及《中国 21 世纪议程白皮书》规定的可持续发展方向,而且也与习近平同志提出的"必须坚持节约优先、保护优先、自然恢复为主的方针"相去甚远。故此,更谈不上与党的十九大突出强调的生态文明建设发展战略要求相一致。为了从根本上扭转以往过度耗竭不可再生性自然资源的粗放型经济发展方式,为了实现约翰·罗尔斯《正义论》理论意义上的"代际公平"和能源可持续利用,为了推进党的十九大突出强调的生态文明建设发展战略,我们需要进行一场能源变革。所谓能源变革,是指在当今时代条件下,利用数字化方式和技术创新的力量,改变传统粗放型能源发展思路,促进具有环保特征的化石燃料无害化处理,推广多元新能源技术利用,优化能源结构,运用德国伍珀塔尔气候能源环境发展研究院之"因子 X"(Factor X)理论提高能源利用效率,减少对不可再生性化石燃料的依赖,突破性地改变能源现状的变革,即称之为能源变革。而《能源变革论》则是对能源利用革命性转变的系统论述。

前面有关能源变革之界说的基本内涵,也正是本书进行深入探索的理论重点。在此基础上,本书对能源变革的理论内涵、能源变革的历史沿革、能源变革的具体形态和范畴、国际能源变革的最新状况、新技术手段的利用和普及、清洁生产及废弃物的资源化处理与利用、技术创新对新能源利用的推广、管理层对能源变革的认知高度、管理体制对能源变革的机理性促进、不可再生性化石燃料的减少程度,以及工业生态园区建设对废弃物资源处理和能源节约的最新进展等方面进行了全方位讨论。

《资源效率论》由重庆外语外事学院陈玲副教授撰写。陈玲女士,在多年教学过程中,对资源利用效率问题非常关注,因而也将之作为自己的主要选题。"资源效率论"与"看不见的手"的学说思想的资源配置方式有所不同,它旨在研究资源生态合理性优化配置的相关理论,同时主张摒弃并限制传统工业化发展中许多粗放型的资源利用方式。

我们知道,传统的工业化发展方式,已经对自然生态系统造成了十分巨大的破坏。这种耗竭式的资源利用方式,同时还造成了全球自然资源濒临枯竭,以致使我们今天面临着十分严峻的资源稀缺性挑战。为了做到资源生态合理性优化配置,减少传统工业化发展方式对自然资源的耗竭式采掘与消费,提高资源利用效率,开发资源利用新途径,以技术进步的力量提高资源效能,并在实践中促进资源生态合理利用率的提高,确保资源利用的高效、节约和可持续性,就成了本书所要探讨的理论重点。围绕这些关键性的理论问题,本书对"资源利用与环境变迁""生态效率与生态设计""创新式节流与开源""循环经济与资源效率""生态效率的评价",连同对未来的"思考与展望"六个方面的内容进行了讨论,并做了系统化的理论探讨。

书中还谈道:"资源效率"问题,也是国际性的大问题,因而早就引起国际上许多知名学者和著名研究机构的超前性探讨与研究。作者有幸有赴英国和加拿大访学的两次机会,这为之完成本书,提供了在国际视野范围进行研究的便利。访学过程,既便于在更广阔范围搜集与"资源效率"相关的学术资料,又便于提升自身认知水平。正是在此前提下,在书中,作者不仅大量阐述了国际上广为流行的"因子X"测定标准及与《工业生态学》的经典著述紧密相关的案例,而且还引入了与"资源效率"课题紧密联系的其他诸多信息。所有这些,不仅对完成本书,而且对促进我国生态文明建设将起到参考性作用。

除了已经介绍的前述著作,《文库》还增设了《大数据与生态文明》一书。本书由太原师范学院经济系讲师延鑫撰写。延鑫现正在韩国全州大学攻读博士学位。他对大数据与生态文明建设二者间的关系非常关心,因而在其读博期间,也将之作为自己的专题性研究项目,并使之成书。作者认为,当今时代,大数据与生态文明建设的有机整合,将会更有效地促进我国生态文明建设。因为大数据是信息化时代的重要科技,其作用不仅存在于数字与数字间的统计学分析,同时也体现在对人的决策行为的直接影响方面。大数据是多元、复杂的数字化管理系统,借助数据挖掘、信息筛选、云计算等操作方式,可将国家生态文明建设的决策,准确、科学地贯穿于实践过程。譬如,IBM(国际商业机器公司)推行的"绿色地平线计划",既是运用大数据、物联网、云计算、GIS(地理信息系统)等对大气污染防治、资源可持续性回收利用、节能减排等生态文明建设范畴的内容,智能化、数字化的系统管理过程,也是与大数据紧密关联的生态文明建设具体目标的实施或运作。故此,在本书中,作者将体系化地探讨大数据与生态文明建设二者间的关系,以使之更有效地服务于我国生态文明建设的实践过程。

除此,《文库》关注的另外理论重点还有时下国际上热议的"人工智能"和"机器人"这些当代科技。关于"人工智能对社会就业的影响",以及"大学生就业难"等问题,我们特意安排了两本专著,即《人工智能的冲击与社会生态共生》和《"资本有机构成学说"视域中的社会就业失衡》。这两本书,从不同角度对当今时代的社会就业问题进行了理论探讨。其中,《人工智能的冲击与社会生态共生》一书,由山西省社会科学院思维科学研究所副研究员李国祥撰写;而《"资本有机构成学说"视域中的社会就业失衡》一书,则由重庆外语外事学院讲师谢露和何林二位女士承担。他们都根据自己的专业特点,从不同角度瞄准并关心着同一个问题——社会就业。其中,《人工智能的冲击与社会生态共生》作者李国祥所在的山西省社科院思维科学研究所,其创始人张光鉴先生在建所之初,就将"相似论"和"人工智能"等问题作为全所研究重点。而作者作为该所的后继研究者,"人工智能问题"同样是其关注的重要范围。加之,马克思主义哲学及其读大学和研究生期间的主修课程,这对其从事本书的理论研究大有裨益。也正是在此条件下,作者投入并完成了本书的撰写工作。作者认为,当今时代,人工智能越来越多地渗透到我们生活的各个方面,它对人类社会发展产生了深刻的影响。随着人工智能的深入研发和机器人的普及,也相应引发了诸如就业等十分严峻的社会性问题的出现。这种情况,是当今时代任何国家和政府都不能回避的重要事实。人工智能对社会就业的冲击,也要求我们在推动科技进步、重视人工智能促进生产力发展的同时,还必须考虑它与人类社会协调发展的重要性。换言之,必须重视在共生理念前提下的社会进步与和谐,因为这是我国构建和谐社会不可或缺的重要环节。

而《"资本有机构成学说"视域中的社会就业失衡》一书的研究重点同样是社会就业问题。作者谢露、何林二位女士,均为重庆外语外事学院讲师,也都面对着大学生就业难的现实问题。在学院,谢露主要从事"马克思主义基本原理"课的教学工作。而何林除了承担一定的教学任务外,其所在职能部门还与校方招生及学生毕业安排有关。二人常常对社会就业方面的突出问题进行讨论。相应地,她们所从事的教学专业课——马克思主义的许多经典论述,也为其指引着探讨问题的基本方向。在书中,二人依据马克思主义基本原理,结合当今时代的现实,详细阐述了社会就业中存在的许多问题。作者不仅批评了作为资本主义国家意识形态的新自由主义及其风行所导致的灾难性后果——它使得马克思在19世纪早就预言过的"相对人口过剩"问题于21世纪的今天又重新上演,而且更加显著地促成了资本主体财富积累的激增。在资本增值过程中,同时也异化性地利用技术进步优势,使之成为服务于"资本主体自身利润最大化"的强有力手段。换言之,马克思在19世纪早就科学论证过的"资本有机构成"中的"技术构成",依然是当代资本主体扩大资本积累的最有效方式。这种情况,今天不是有所缓解,相反地,而是更加重了无视社会就业的趋势。因为,人工智能的广泛推行,是以机器人代替社会劳动力为目的的,客观上,就势必造成马克思早就预言过的"相对人口过剩",亦即失业者的大量增加成为事实,因而必将促使当今时代"失业大军"的不断出现。正因如此,作者在其著作的命题之初,便直接嵌入马克思经典著述中的"资本有机构成"概念,以向社会提出忠告:马克思"资本有机构成学说",即使是在21世纪的今天,依然有着强大的生命力和理论指导价值。

不难看出,《人工智能的冲击与社会生态共生》和《"资本有机构成学说"视域中的社会就业失衡》两本书,各自都有着自己的显著特点,也都围绕时下全社会都关心的就业问题系统性地进行理论分析与研究。二者的共同点则在于:在书中,均详细阐述了马克思主义经典理论,及习近平同志在党的十九大报告中强调的"人与自然和谐共生"的指导思想,对构建和谐社会乃至生态文明建设的理论重要性。

在生态文明建设中,人的心理与环境的关系问题也颇受关注,故此,环境危机问题,同样是心理学理论所讨论的重要问题。本《文库》与心理学相关的著述是《环境危机下的社会心理》。本书由重庆工商大学融智学院副教授李娟女士和重庆外语外事学院心理学讲师、国家二级心理咨询师张玥女士共同撰写。在书中,她们系统梳理了心理学发展史上不同的流派对环境与人的心理之间关系的相关研究,并将之陈述其中。作者指出:机能主义学派认为,人之心理对环境是有适应功能的;行为主义则是在对机能主义的批评中,通过个体外在的行为考察其内在的心理机制,从而揭示个体心理与环境间的关系;格式塔学派认为,人们对环境的认知,是以整体的方式,而非被割裂的片段展开的;精神分析学派弗洛伊德更注重心理过程的"无意识"特征,旨在考察变态的环境氛围"无意识"地对个体梦境心理形成的影响,进而对个体"无意识"梦境心理状态进行解析,亦即弗氏的《梦的解析》。继之,荣格则将"无意识"概念上升到了社会心理学范畴,强调"集体无意识"对环境认知的重要;而人本主义心理学更注重"需要层次说"和"自我价值实现"对个体生理心理过程的理论意义,并从中展示出处于环境中的人的心理动力学原因,等等。

在系统梳理了心理学发展史上各流派的主要观点后,作者全面、深入地论述了本课题——"环境危机下的社会心理"。她们认为,当前环境危机日益严重,已经成为亟待解决的全球性突出问题。在紧迫的环境危机情况下,无疑会造成人的压力的激增,从而影响到社会成员的心理或行为的各种反应。书中进一步指出:环境危机对社会心理的影响是多方面的,具体呈现在个体、群体乃至整个人类社会的不同层次。其内容的纷繁复杂,也涵盖了人的认知、行为或情绪的各个方面。故此,本书主要是从社会心理学角度出发,多学科探讨了引发环境危机的社会根源,也着重分析了环境危机对各个层面之主体心理所形成的诸如焦虑、恐慌、怨恨、冷漠乃至应激性的群体反应等影响。在此基础上,作者从社会心理学角度切入,多维度给出了促进人与自然关系良性循环及互动的方法与路径。

《生态女性主义与中国妇女问题研究》是《文库》第二辑的最后一本著作,它由重庆外语外事学院讲师毕扬、张静和乐志红三位女士共同撰写。三人均从事思政课教学工作,教书之余,均对"中国妇女问题"十分关注,同时做了一些针对中国妇女问题的相关研究。其中,毕扬女士还多次参加全国性妇女研讨大会并宣读了与会论文。本书的撰写,一方面是依据她们的前期研究成果,另一方面则立足于生态文明建设实践中妇女工作的现实需要。在撰写过程中,她们不仅严格遵循了党的十九大报告中有关生态文明建设的指示精神,而且还参考了国外生态女性主义思潮的许多内容,并对比性地探讨我国妇女问题。所谓生态女性主义,是一种将女性主义和生态学思想相结合认识问题的国际妇女运动思潮。生态女性主义的最大特点是反男权(尤其是反资本为主体的男权),强调妇女解放和男女平等,强调生态环境保护的重要性。生态女性主义,是 20 世纪 70 年代中期,法国妇女运动领袖弗朗西斯娃·德·奥波妮在其《女性主义·毁灭》一书中最早提出的。之后,在此基础上又逐渐发展了许多分支。它不仅在西方,而且在第三世界国家也产生了不小的影响。本书能够结合生态女性主义探讨处于生态文明建设实践之中的中国妇女问题,确实不失为一个全新的视角。

以上是对《文库》第二辑全部著作的简单介绍,大体反映了《文库》第二辑的整体内容和理论架构,同时也概括性地指出了其中每一本书的基本内涵及其与生态文明建设之间的内在联系。十本书,有对顶层设计下的生态文明之治的系统论述,有环境保护法范畴的理论创新,有对基于生态正义前提的"经济协同论""资源效率论"与"能源变革论"的全面思考和论证,有对信息化时代大数据与生态文明建设之间关系的创新性认知,有对生态共生原则下的就业问题的关注,有对马克思"资本有机构成学说"进入人工智能时代的全新阐释与解读,有对环境危机下社会心理的实证性分析,还有对具有强烈环保意识的国外"生态女性主义"与正处于生态文明建设实践之中的我国妇女二者关系的对比性探索。总之,其中每一本书的作者,都为本《文库》完成付出了应有的努力,也都对其从事的专业领域做了与生态文明建设直接相关的创新性思考。但是,由于时间仓促,加之作者知识底蕴的局限,难免存在一些不足之处,故此,还望学界方家大雅指正。

2020 年 1 月

理解中国的发展

一、发展的代价

当今世界正处于百年未有之大变局,当前国际格局和国际体系正在发生深刻调整。中国模式发挥出罕见的优势,中国道路越走越通达,出现了持续的经济高速增长,中国崛起已势不可挡,中国已成为世界格局演变的主要推动力。

"21世纪是中国的世纪"的声浪一波高过一波,国外有人如此艳羡地赞叹,国内有人如此自豪地宣称。但是随着经济的高速发展,出现的社会问题也日益增多:经济运行结构性失衡(实体经济结构性供需失衡、金融和实体经济失衡、房地产和实体经济失衡);工业发展破坏生态环境;人民币持续贬值;贫富分化;阶层固化;社会人口老龄化;高等教育人群和富人持续移民;环境污染;能源危机;简单以生产总值增长率论英雄;巨大的维稳费用;新自由主义持续抬头,越来越多的人开始"重新发现自己"。

以后,会有更多这样的"发展的代价"出现,难道由整个社会来买单?生态环境会不会为"发展"背锅?发展出金山银山,那还有没有绿水青山?经济利益被某些资本集团所占有,而环境破坏的代价却要全社会来承担?生态文明建设呼吁着深化改革,需要"涉深水"和"闯险滩"。

二、自由市场中的劣币与良币——"自由市场自带的原罪"

现代化是刚需,工业化城市化是刚需,经济发展是刚需,赚钱盈利是刚需,那么生态环境是不是我们的刚需呢?在发展经济的背后,自由市场中会出现"劣币驱逐良币"的现象,也就是英国的财政大臣格雷欣所发现的"格雷欣现象"。当劣币和良币同时都为法定货币,良币会被劣币淘汰,好的会被坏的淘汰,高成本环保的企业被低成本的企业所取代。如果良币和劣币同样被市场所认可,那么良币将越来越少。在市场中,需要政府通过行政手段和政策法规来驱逐不环保的企业,当劣币不再是"法定货币",当污染环境的企业被课以重罚,优质的、环保的企业才能被保护。

政府的法规、政策、导向、舆论,都是宏观调控的手段。在企业追逐利益的过程中,"金山银山"容易实现,"绿水青山"却要政府用宏观的手段来保证。

三、快速城市化进程——"时代之中的困境"

中国一直在快速地城市化,这也是中国速度。

城市化的进程也是破坏环境的进程。例如,房地产本是一个民生改造工程,目的是让人民有好的生活质量。但在这几年中,大中小城市都快速扩张,房地产集聚了过多的资源:土地资源、社会资源、资金资源、人力资源。它一边吸走了为数不多的社会资源、百姓的积蓄、再生产的资本,甚至是大量用于投机的热钱,一边也在肆意破坏环境。以前的绿地上建立起太多的空城和鬼城,一个百万人口的城市,所建的房子有两倍三倍四倍之多,房产闲置荒废,而当初的绿植不再,如何不让人痛心! 绿色森林变成空置的钢筋森林,如何不让人痛心!

在城市化的进程中,农村建设的问题也逐渐显现。农村被工厂污染,河流被工厂污染,耕地被工厂污染,农村用地被大量荒废,无法耕种,也种不出庄稼,粮食只得依赖进口,依赖外贸。生态文明建设要抓起来,要给农民留后路;新型农业经营体系要建立起来, 要给农民留后路;中国的环境要给农民留后路。当城市化进程放缓,当农民工在城市待不下去了,与其在城市贫民窟里毫无希望地生活,不如返乡,家乡还可以种地,还可以解决温饱。这是中国农民的回家路,也是社会稳定的生路。

四、宏观治理与地方政府

自秦汉始,我国一直实行"上下两制"的政治制度。一是自上而下的皇权,一直管辖设到州县。二是封闭系统中的自治权,村里宗族中的乡绅自治。中国自古以来的小农经济,一直都维持着这两套治理方式,即便朝代更替,甚至外族统治,都无法彻底洗牌。一套中央皇权依赖郡县制度,另一套是乡土中国依赖乡绅自主治理。这两套治理方式天衣无缝地整合在一起,维持了中国几千年的政治国家和文化国家的共生。这种共生关系,不出现在我们经典的教科书里,不出现在西方的模式中,只有立足于本土研究之中,才能照见出来。

纵观历史事件,会发现诸多的"上热下冷"的现象,明末时期的崇祯,清末时期的光绪,上面的政策一道又一道,下面的执行一重又一重。今天谈改革,也要正视这个问题。如果仅局限于意识形态化的教科书理论,我们将无法深化改革,将不能落实改革,甚至无法理解这五千年是怎么走过来的,又怎么继续走下去。

今天的生态文明建设也是如此。虽然,我国近年来在绿色生态、节能增效方面取得了一些成绩,但也出现了一些新的问题。例如,中央坚持把推动能源消费革命放在重要位置,但由于能源供过于求、能源价格大幅下降、节能考核目标容易完成等原因,导致部分基层政府和一些企业对节能的重视程度大幅下降;国际社会对中国节能的成绩和中国在全球可持续发展中的重大贡献交口称赞,但由于节能增效难度越来越大、投资边际效益递减问题越来越突出,国内的很多人对继续开展节能工作存在迷茫情绪、懈怠情绪、畏难情绪。中央到地方制定了不少深入实施节能工作的规划和政策,但在具体推进过程中由于缺乏资金、多方利益协调困难等实际问题,不少规划的内容难以落到实处。"上热下冷""外热内冷""文件热行动冷"这些新的苗头性、倾向性、潜在性问题值得引起关注,需要重点着手加以解决。

除了企业层面的考虑,地方官员们普遍的心态是什么? 许多部门、地方的各级决策者,严重缺乏"战略思维",这并不是一个思维能力的问题,而是一个心态的问题。由于特权和利益的驱使,又由于权力任期、更替、问责和承担责任的机制方面的问题,他们普遍形成"三懂三不懂"的心态:一是只懂对上负责,不懂对下负责;二是只懂权力不懂权利;三是只懂眼前与表面,不懂根本与长远。这三者是互相关联的,比如在"维稳"问题上任何风吹草动都会草木皆兵,而在民生、生态以及制度等深刻问题上却严重地麻木不仁。在有关"政绩"的问题上会雷厉风行、大动干戈,在生态环境这样深入、细致、长远的问题上却敷衍塞责、糊弄拖延。

如何把国家宏观调控落实到地方,再落实进企业,落实进乡镇社区,落实到每一位公民身上,这是个难题,也是政治治理的难题。

五、现代治理

生态文明建设,是环境治理的问题,也是政治治理的问题。

谁治理,如何治理,治理得怎么样。这涉及了三个基本要素:谁是主体、治理的机制、最后得到的治理效果。这既是一种公共治理,也是一种政府治理,还是一种社会治理,更是一种国家治理。生态文明建设就是一种公共利益最大化的治理过程,当环境与社会都处于最佳的状态,也就实现了和谐共生、美美与共。

本书谈生态文明建设,从建设生态文明关系人民福祉、关乎民族未来入手,既有关于生态文明现状的思考,从战略创新、制度创新、技术创新的角度阐发,又有实践与探索,论述国家治理是中国生态文明建设的必由之路,还有治理最新成果,系统阐述了中国之治的动力机制及理论研究、中国之治的生态模式、中国之治的实践途径。在国家治理层面中,还要注意顶层设计、应用导向和创新发展三个方面,从宏观层面架构治理基础,从全局层面统筹治理体系,不断适应生态环境管理中的新形势和新任务,搭建出新平台和新格局,走好中国之治的道路。

党的十八大以来,我国相继出台《关于加快推进生态文明建设的意见》《生态文明体制改革总体方案》,形成了生态文明体制建设的"四梁八柱"。还组建了自然资源部和生态环境部,并于2021年7月7日成立了习近平生态文明思想研究中心,该中心统筹推进其宣传、研究、实践转化等工作。

2020年9月22日,中国政府在第七十五届联合国大会上提出:"中国将提高国家自主贡献力度,采取更加有力的政策和措施,二氧化碳排放力争于2030年前达到峰值,努力争取2060年前实现碳中和。"2021年3月5日,国务院总理李克强在2021年国务院政府工作报告中指出,扎实做好碳达峰、碳中和各项工作,制定2030年前碳排放达峰行动方案,优化产业结构和能源结构,碳达峰、碳中和被首次写入我国政府报告中。现在我们国家已将碳达峰、碳中和纳入生态文明建设整体布局中。如何发展生态文明建设,事关中华民族永续发展和构建人类命运共同体。

本书前六章由重庆外语外事学院徐筝完成,后四章由忻州师范学院郭霞副教授完成。

希望本书能够帮助读者正确理解中国的发展。

是以为序。

徐筝

2021 年 8 月 30 日

目　录

第一编

问题分析:生态文明建设与国家治理的关系

　　生态文明俨然成了中国改革与发展的关键词,它一头连接着经济发展,一头连接着环境持续。如何在金山银山和绿水青山之间进行选择,成了一个两难之题,也成了一个博弈之局。由于多数人的生态环境概念缺失、意识匮乏,由于极少数人受快速追求利益的刺激与遮蔽,生态环境问题一度激化。牺牲环境,发展工业,所得到的利益通常被某些资本集团占有,而环境的代价却转嫁给全社会。放弃新自由主义、放弃 GDP 主义,从国家治理上找到一条中国道路,在国家治理体系和治理能力现代化下找到一条宏观调控的路径。

第一章　背景分析

第一节　生态文明的概念与内涵

随着当今社会的进步和人民素养的提高,生态问题与可持续发展问题成了社会的焦点。而我国环境问题日趋严重,越来越多的人意识到生态文明是重视自然、顺应自然、保护自然的理念,生态文明建设不仅影响着经济的持续发展,也关系着政治架构和社会建设,必须放在突出地位,融入经济建设、政治建设、文化建设、社会建设各个方面和全过程中,与它们一起构成"五位一体"总体布局。

一、生态文明的概念

生态文明,即"Ecocivilization",它是涵盖哲学、科学、生态学、经济学的一门学问。三百年的工业文明以"人类征服自然"为宗旨,但全球性的生态危机说明需要一个新的文明形态来延续人类的生存,"生态文明"由此诞生。

生态文明,是人类文明的一种形式,具体指在人类发展过程中,遵循个人、群体、自然、社会和谐发展的客观规律,通过改造自然和人类社会进而取得物质与精神成果的总和。它的本质是人与自然和谐相处,它以尊重和维护生态环境为主旨,以可持续发展为根据,以未来人类的继续发展为着力点。这种文明观强调人在自然界中的自觉与自律,体现出相互依存、相互促进、共处共融的关系,是对农业文明、工业文明的一种延续,主张在改造自然的过程中发展生产力,提高人的物质生活水平。

生态文明有着显著的特征。第一,人与自然方面。它体现在人与自然的辩证关系,人与自然作为地球的共生成员,既独立又依存,既对立又统一。第二,人与群体方面。它体现在生态保护意识逐渐成了普世价值和大众文化,成了当今世界的集体意识和主流意识。第三,人与社会方面。生态文明的目标是有个"更美好的世界",它推动着社会走向和谐。

二、生态文明的含义

人类过度地消耗资源,早已造成了生态环境的恶化,生态文明的想法提出由来已久,生态文明建设也由来已久,并不仅仅存在于20世纪中后期。只不过在19世纪才正式出现了"生存环境"的专属概念,即"生态"这一词汇。在当时"生态"只是单纯指生物学中的生物群落的生存状态,包括一个生物群落与其他生物群落的关系以及与生态环境的关系。直到党的十七大正式提出了生态文明,中国才正式开始生态文明建设进程。

从人类历史来看,生态文明的进程影响着人类进化的进程,人类的文明历程也直接或间接地改变着生态环境的演化方向。无论是东方还是西方的哲学家在思考人的来源与存在时都离不开对人生存环境的思考,这些思想奠定了现代生态文明建设的基础。

(一)马克思主义的生态文明思想

首先,马克思认为,人靠自然界生活,无机的自然界是人实现基本生存的物质基础,自然界是人延伸的身体,自然界的任何物体都是人的思想的一部分。马克思和恩格斯科学论证了人是自然界发展到一定阶段的产物,是与自然环境一起发展起来的。生态文明的建设离不开人类的社会行为与自然行为,为了保护自然资源,实现经济的可持续发展,马克思主义的生态文明思想越发受到人们的重视,在全球生态文明恶化到影响人类生存时,人们清楚地认识到人类并不能以恶化生态环境来换取新时期工业革命的快速进步。并不是人类决定了生态的存亡,而是生态决定着人类的生存。

其次,马克思主义总是把自然问题与社会问题相联系,它还积极地预示着人和自然终要走向统一,并且马克思主义的生态文明思想经过了将近一个世纪的实践发展,最终为人类寻找正确的生存方式提供了思考方向和理论支持。

马克思主义注重实践,在伦敦海格特公墓的马克思墓碑上镌刻着他的墓志铭:"哲学家只是用不同的方式解释问题,而问题在于改变世界。"马克思主义在时代发展中、理论实践中发现了生产实践改变着人与生态的关系,人的生产生活必须依附生态进行。因此人们在对生活生产需求日益增加的如今，不仅不会漠视生态文明问题，反而因为更懂得生态文明对社会文明和谐发展的重要性，会更加追求绿色、低碳、少燃油、少污染的生活方式，从而保护我们赖以生存的环境。

(二)中国传统生态文化的现代转化

在中国传统文化中，古人有诸多有关生态的论述。儒家有"天人合一"的思想，它强调了天地万物的统一。《论语》中有相应的论述，"子钓而不同，弋不射速"。它肯定了万物存在的价值，主张以仁爱之心对待万物。《礼记》中的《祭义》写道："所谓伐一木，杀一兽，不以其时，非教也。"强调了万物有其时，人事应该顺应自然界的本性，遵循自然界的法则，不能因为人的利益追求而破坏自然。《吕氏春秋》也有类似的论述，"竭泽而渔，岂不获得？而明年无鱼；焚薮而田，岂不获得？而明年无兽"，强调对于自然要取之以时、取之有度。道家主张天人合一、物我相忘等。"自然无为"是道家生态伦理的基本原则，其基本要求有二：一是要顺应自然，二是不能强行妄为。古代道家提出了许多朴素的生态理论规范，例如：慈爱利物、敛啬有度、知和不争。道家遵守"道法自然"，老子的《道德经》里记载"人法地，地法天，天法道，道法自然"。道家认为宇宙自然是一个大天地，人是一个小天地，人和自然本质上是相通也是相同的，人事应该遵循自然规律，达到人与自然的和谐。佛家有"万物一体"的论述，僧肇大师曾说"天地与我同根，万物与我一体"，它表达了佛家众生平等、因果循环的观念，强调人不能因为自己的一己私欲而去违反天地规律，重视慈悲为怀的思想，表达了个体要从其他个体找寻存在意义和存在价值。三个传统文化学说都强调了"天人相应"，也就是指自然界是和人类互相影响、互为反应、彼此映照的。

而进入现代社会后，人类利用现代科技创建适合动植物的生存环境，来满足生存需求，但也因为过度追求高产高能，导致在 20 世纪时，生态平衡遭受了巨大的破坏。过度垦荒、围湖造田、过度放牧造成的土地荒漠化，过度采挖珍稀植物、追求利益杀害动物导致物种减少等生态破坏造成的恶果，警醒人们要重视生态保护。因此现代的生态文化追求的不仅仅只是保护生态环境，更重要的是改善已被破坏的生态环境，并创建人与自然和谐相处的现代化社会，这不仅要满足人们日益增长的社会物质需求，也得满足人们对美好环境的精神需求。

虽然中国传统文化中没有建立一个单独的生态学科目，但是它处处都涉及对宇宙万物、自然规律的思考，强调着"天人相应"的思想。现在中国现代化进程遭遇了生态"瓶颈"，迫使人们必须重新思考自身的文化生存方式，这使得传统生态思想资源的现代化转变有了直接的民族需求。①因此中国现代化进程中，应该把传统生态思想同现代化进程结合起来，传承创新，坚持追求人与人、人与自然、人与群体、人与社会的全面和谐发展，正确处理人与万物的关系，这与中国坚持的建立中国特色社会主义国家观念是相符的。

(三)西方生态思想的借鉴

在西方生态思想文化中，产生较大影响的就是"土地伦理"。美国生物学家奥尔多·利奥波德（Aldo Leopold）曾经在他的《沙乡年鉴》(A Sand County Almanac)一书中首次倡导"土地伦理"，即一种处理人与土地，以及人与在土地上生长的动物和植物之间关系的伦理观。他认为"当一个事物有助于保护生物共同体的和谐、稳定和美丽的时候，它就是正确的，当它走向反面时，就是错误的"②。城市固然是美丽繁华的，但当失去了土地的支撑、生态的保护，终会走向灭亡。

当西方进入工业革命以后，加剧资源的开发与利用，由此引发的问题也引得西方哲学家对于生态文明的思考进入全面发展期，主要涉及以下三个论点。

生态本体论。本体论是研究实体存在及其本质的通用理论。生态是指生物生存的状态，以及生物与环境、生物与生物之间的关系，并由此引出生态文明、生态思想、生态环境等一系列的定义。通过环境本身和环境与人的基础关系来重新解读生态的重要性，引起人们的生态保护意识。

生态认识论。生态认识论是从整体出发，以多重有机关系反观自然物的方式研究自然物，以获得自然物在整体世界中、在关系世界中的真实性。③生态环境中以食物链为例，大多数动物都不只是单纯地处于一个营养级上，没有一

---

① 原立红、朝克:《中国传统文化中生态思想资源现代转化的可能性思考》,《理论学刊》2009 年第 9 期。

② 奥尔多·利奥波德:《沙乡年鉴》,侯文蕙译,吉林出版社,1997,第 213 页。

③ 曹孟勤:《生态认识论探究》,《自然辩证法研究》2018 年第 10 期。

个生物能独善其身。食物链通常开始于绿色植物(生产者),从绿色植物开始至少要有三个营养级,而且一旦产生生物富集,所有处于这条食物链的生物都会吸收到毒素,且毒素与能量不同,营养级越高吸收的毒素越多,所以人类作为食物链顶端生物,无法忽视生态问题。因此生物从来就不是单独的个体,西方哲学家不再只是单独地思考生物存在的形态,而是从整个生态环境出发,研究整体中每个个体之间的联系。

生态价值论。价值属于关系范畴,指客体能满足主体需要的效应关系。那么生态价值,是指生物个体在生存时不仅实现着自己的生存价值,也创造着其他个体的生存环境;也是指所有个体都影响和支持着地球生态环境的平衡;还是指地球生态系统整体的稳定平衡是人类生存的必要条件。

关于西方生态文明,要看到具有全面性、现代化特点的西方生态思想值得我们借鉴吸收,但也要改进西方生态思想的盲点,积极探索符合我国国情的生态文明体系,树立社会主义生态文明观,建设生态美丽中国。

(四)当代中国生态思想及发展

党的十七大以前,中国特色社会主义建设主要集中于经济建设、政治建设和文化建设。党的十七大将"生态文明"的理念写进报告,提出"要建设生态文明,基本形成节约能源资源和保护生态环境的产业结构、增长方式、消费模式"。把生态建设上升到文明的高度,体现了党对中国特色社会主义、经济社会发展规律、现代化国家的认识的不断加深。

党的十七大提出了经济建设、政治建设、文化建设、社会建设四位一体的总体布局。党的十八大报告又把四位一体拓展到了五位一体,因为增加了生态文明建设。党的十八大报告在生态文明这一部分的阐述如下:"坚持节约资源和保护环境的基本国策,坚持节约优先、保护优先、自然恢复为主的方针,着力推进绿色发展、循环发展、低碳发展,形成节约资源和保护环境的空间格局、产业结构、生产方式、生活方式,从源头上扭转生态环境恶化趋势,为人民创造良好的生产生活环境,为全球生态安全作出贡献。"

习近平总书记在党的十九大报告中提出"人与自然是生命共同体,人类必须尊重自然、顺应自然、保护自然。我们要建设的现代化是人与自然和谐共生的现代化"。习近平总书记明确阐述了加强生态文明建设的重大意义,要加快建设生态文明体系,确保到 2035 年美丽中国目标基本实现,到 21 世纪中叶建成美丽中国。

党的十八大以来,以习近平同志为核心的党中央提出了一系列新理念,形成了习近平生态文明思想。

当代中国生态思想的发展既有利于解决人民日益增长的美好生活需要和不平衡不充分的发展之间的矛盾,同时也有助于建立一个保持动态平衡和良性循环的生态环境系统。当前生态环境问题日益严重,全社会应该坚持马克思主义和中国传统生态文化中的生态与人类发展相统一的思想,不以破坏生态平衡为代价,目光短浅地追求暂时的高速利益。要以习近平新时代中国特色社会主义思想为指引,充分认识到建设生态文明的重要性、长远性,努力建设美丽中国,走中华民族永续发展之路,还要吸收借鉴外国积极的生态思想,在中国现代化发展中不断加强和改善当代中国的生态思想,坚持实施可持续发展战略,大力推进绿色发展,着力解决突出环境问题,加大生态系统保护力度,改革生态环境监管体制,深刻了解到人类命运共同体的意义,为维护全球生态平衡和人类与自然和谐相处而努力。

第二节　生态文明应否成为主题

一、生态文明的研究背景与研究意义

在人类历史长河中,工业文明最终取代了原始文明和农业文明,人类对于自然的态度从被动适应变成了积极干预改造。但是工业文明在不断发展的过程中无视自然的价值,使原本充满灵性的有机自然变成了机械的、僵死的、被人类不断征服和掠夺的对象。改革开放 40 余年以来,中国取得了举世瞩目的伟大成就,但在发展过程中也存在不少的问题,特别是我国经济增长方式的粗放问题比较突出,如资源使用效率偏低,环境污染较为普遍,经济发展与资源、环境的矛盾突出等。如果不切实搞好资源节约和环境保护,我国的发展将面临难以为继的局面。生态文明建设便是其中极为重要的一环,推动生态文明建设

应该把人与自然的关系看成复杂的对立统一的整体，承认人是大自然的一部分，是有生命的自然存在物。因此，人必须以自然界的生存和发展为前提通过实践但不过分地、能动地改造自然，必须按照客观规律办事，否则只会为人类带来灾难。

面对资源紧张与浪费、空气污染日益严重、生态环境逐渐恶化的严峻趋势，加强生态文明建设成为当务之急。我国大力推进生态文明建设，对实现人与社会、人与自然的和谐共生有着重大意义。

首先，生态文明建设是贯彻落实我国经济可持续发展的内在要求。人民群众只有在健康的生态环境中，才能更好地发挥主动性和创造性。实现全面协调可持续发展是当今我国经济发展的重要组成部分和基本要求。所以我们要处理好人与自然、经济发展和保护生态环境之间的关系，建立资源节约型和环境友好型社会，实现社会经济发展和人口、资源、环境相协调，建设美丽中国。

其次，生态文明建设是解决我国经济社会发展面临的突出问题的必然选择。我国经济社会快速发展，取得了令人瞩目的成就，但在经济快速发展过程中也随之产生了一系列问题，这些问题严重制约了中国特色社会主义事业的发展。为了解决我国经济社会发展的矛盾和问题，必须大力推进生态文明建设，建立健全生态环境保护的体制机制，贯彻创新、协调、绿色、开放、共享的新发展理念，促进产业结构优化升级，从而推动良好生态环境下生产和生活之间和谐发展的格局的形成。

再次，生态文明建设是实现2035年远景目标、重点方向之一的"美丽中国"的必然要求。这就要求我们必须大力推进生态文明建设，同时，解决在建设美丽中国过程中存在的生态环境问题。我们必须尊重社会发展规律，努力做到经济建设、政治建设、文化建设、社会建设、生态文明建设互相融合，并且逐步丰富其内涵。站在生态文明建设的高度，不断倡导推进创新、协调、绿色、开放、共享的新发展理念，不断推动建设资源节约型、友好型社会，促进形成人口、资源环境与经济社会全面协调可持续发展的格局。

最后，生态文明建设是追随世界发展潮流、是参与国际竞争和合作的客观条件。随着工业化进程的加快、社会化的大发展，人类盲目征服、掠夺和破坏自然，致使自然资源严重短缺和生态环境不断恶化，导致人类的生存和发展受到威胁,同时,也存在着一些潜在的加剧生态恶化的人类行为在等待着自然规律的警醒。因此,倡导生态文明已经成为一种国际趋势,加强国家间的交流与合作,同心共筑形成一种源源不断的"攻坚力量",要采取相应措施,加强生态文明建设,解决资源和环境问题。世界经济当前正处于结构调整、新一轮创新和发展期,气候变化、粮食安全、保护生物多样性等全球资源环境问题,成为国际社会关注的焦点,国际社会面临着重大挑战。我国只有大力推进生态文明建设,优化经济结构和经济发展方式,并增强我国在国际环境和发展中的影响力,同时,提升我国在环境保护和可持续发展方面的综合能力,才能在新的国际竞争中赢得话语权。

习近平同志在纳扎尔巴耶夫大学谈到环境问题时也提出"我们既要绿水青山,也要金山银山。宁要绿水青山,不要金山银山。而且绿水青山就是金山银山"这样的概念。可见,蓝天白云、青山绿水是长远发展最大的本钱,生态优势可以变成经济优势、发展优势,这是一种极高的境界。而在经过四十余年的快速发展后,我国的环境问题逐渐显现,水污染、土壤污染、重金属污染和雾霾等问题逐步爆发。随着社会发展和人民生活水平的不断提高,人们对于生活、生产环境的要求也随之提高,生态环境在群众生活幸福指数中的地位不断凸显,生态问题成为急需解决的问题。就像人们所总结的那样:老百姓已经从过去的"盼温饱"变为现在的"盼环保",从过去的"求生存"变为现在的"求生态"。生态环境是中国梦的一部分,衣食住行无一不与环境有关,是老百姓最基础、最现实的考虑,所有人概莫能外。保护生态环境,关系中华民族发展的长远利益,是功在当代、利在千秋的事业。只有深刻意识到环境对国家和人民的深刻意义后,才能切实采取行动来保护环境,才能拥有蓝天、碧水、青山、绿地。党的十八大以来,习近平同志对生态文明建设作出了一系列的重要论述。这些重要论述包含尊重自然、谋求人与自然和谐发展的价值观念和发展理念,为努力建设美丽中国,实现中华民族永续发展,走向社会主义生态文明新时代等宏伟目标指明了方向。国家推出了不少旨在保护生态环境、建设生态文明的政策措施。例如,国务院办公厅印发了《大气污染防治行动计划实施情况考核办法(试行)》。随着制度建设的不断推进,生态文明建设也在顺利进行。将保护生态环境的制度防护墙筑牢,才能使"中国梦"梦想成真。之后形成的习近平生态文明思想,包括了六个方面的重要内容。第一,坚持人与自然和谐共生。第二,绿水青山就是金山银山。第三,良好生态环境是最普惠的民生福祉。第四,统筹山水林田湖草沙系统治理。第五,用最严格制度、最严密法治保护生态环境。第六,共谋全球生态文明建设。

二、中国生态文明建设的现实意义

生态文明是人类生活和实践的进一步发展,生态文明建设使人类生活科学化、生态化,走生态文明之路已是当今世界的大势所趋。生态文明建设对中国的发展有着重要的意义。第一,生态文明建设是保持经济持续发展的现实基础。就当前我国的基本国情而言,尽管目前我国经济正在由高速增长阶段转向高质量发展阶段,但对于发展中的中国而言,我国依旧承受着巨大的生态压力。由于地理位置等原因,我国生态环境本就脆弱,有占全国国土面积52%的干旱半干旱地区,也有200万平方公里的高寒缺氧的青藏高原;水土流失严重的黄土高原面积高达64万平方公里,石漠化严重的岩溶地区也有90万平方公里。这些情况造成我国资源较少且分布不平衡。同时,我国的资源能源进口量逐年增长。在这种情况下,如果我们的生态系统不能持续提供必要的资源、能源,那么我国的经济发展将受到严重阻碍。与此同时,我国的资源能源供需结构失衡,但资源能源浪费依旧不少且资源能源利用率不高。加强生态文明建设,宣扬绿色发展观念,即便我国资源能源的利用率和效益达不到发达国家的水平,但至少可以缓解我国目前或因之前发展而遗留下的经济、社会和生态问题,并取得较为可观的效益。生态文明建设蕴藏新的经济增长点,加强生态文明建设既能拉动当前经济发展,又能增强可持续发展的后劲,实现经济持续繁荣发展。

生态文明建设是促进经济社会全面协调发展的重要举措。党的十八大将生态文明建设上升为国家意志,提出将生态文明建设与经济建设、政治建设、文化建设、社会建设并列,"五位一体"地建设中国特色社会主义。加强生态文明建设,促进绿色发展和可持续发展是促进经济社会全面协调发展的重要举措。首先,生态文明是建立在工业文明所强调的经济发展的基础上的,它所要求的是节约资源,坚持绿水青山就是金山银山,宁要绿水青山,不要金山银山。

这就要求我们转变经济发展方式,提倡发展低碳经济、循环经济、绿色经济。其次,生态文明体现在如何处理和协调人与自然、人与人的关系,它在本质上要求处理好经济发展成果的公平与分配的问题。再次,生态文明是文明建设的一部分,它在本质上倡导人与自然平等和谐相处,要求人们树立绿色发展的观念,树立生态文明的观念。最后,建设生态文明应该最大限度地实现人与自然的和谐,这也是建设社会主义和谐社会的应有之义。总之,要将生态文明建设提高到应有的战略高度,把生态文明建设作为一种文明来推进,促进经济社会全面发展、持续繁荣。

生态文明建设是提高人民生活质量的必由之路。作为全球最大的发展中国家,我国在经济发展中取得了举世瞩目的成就,但同时也付出了巨大的生态代价,多年不顾环境的经济发展已经使得这个美好的家园千疮百孔,改变这一现状已经箭在弦上。随着经济社会的快速发展、人民生活水平的提高,人们环境意识越来越强,对干净的水、新鲜的空气、宜居的环境等方面的要求也随之提高。建设生态文明,不论对于全面协调可持续发展,还是对于改善生态环境、提高人民生活质量、建设社会主义现代化国家、实现民族复兴,都是至关重要的。

第三节   生态文明能否成为主题

我国在经济建设过程中出现了为寻求经济发展不断牺牲自然环境等问题。从经济上看,确实取得了十分巨大的成就,但与此同时,环境也遭受到了不可挽回的打击。党的十八大以来,我国加快生态文明顶层设计和制度体系建设,生态环境得到了显著的改善,人与自然渐渐实现和谐共处。

改革开放前由于迫切发展经济而忽视了生态效益。新中国成立初期,全国上下贯彻毛泽东同志的思想:人类要认识自然、利用自然和改造自然。在与自然相处的过程中,它主要强调了人类的主观能动性,忽视了自然界本身固有的客观性,虽然在短期一定程度上使自然按照我们的意志改变,提高了经济效益,但是也引发了一系列的环境问题。尤其是违背客观规律进行的大跃进、人民公社化、农业学大寨,对生态环境造成了难以估量的后果。而后,毛泽东同志发现了问题并及时作出调整,并提出"人类同时是自然界与社会的奴隶,又是它们的主人。这是因为人类对客观物质世界、人类社会、人类本身(即人的身体)都是永远认识不完全的"①。

改革开放以后,对于人与自然关系的认识有了明显转变。既发展经济又尊重自然,遵循自然的客观规律成为共识。经济发展也呈现新的面貌,在绿色要求下迫使经济结构转型,优化发展结构,提高发展效率。思想的转变不仅体现在从无到有,也体现在从有到精。

江泽民同志也指出"我国有十二多亿人口(持续增加),资源相当不足,在发展进程中面临的人口资源环境压力越来越大。我们决不能走人口增长失控、过度消耗资源、破坏生态环境的发展道路"②。江泽民同志指出"要促进人和自然的协调与和谐,使人们在优美的生态环境中工作和生活"③。毫无疑问,人与自然的关系和人民生活息息相关,正确认识与处理人与自然的关系便能有效提高人民生活质量与生活幸福指数。江泽民同志指出"环境意识和环境质量如何,是衡量一个国家和民族文明程度的一个重要标志"④。国民环保意识提高是实现环保质量提高的重要基础,有利于有效推进国家相关发展战略措施,促进国家和民族文明的发展,展现大国风采。我们也经历过思想上的从无到有,在不断的调整发展演进中形成了独特的生态文明建设,所有的问题都是前进路上的垫脚石。

2012 年 11 月,党的十八大从新的历史起点出发,作出"大力推进生态文明建设"的战略决策,从 10 个方面描绘出生态文明建设的宏伟蓝图。党的十八大报告不仅在第一、第二、第三部分分别论述了生态文明建设的重大成就、重要地位、重要目标,而且在第八部分用整整一部分的宏大篇幅,全面深刻地论

---

① 毛泽东:《毛泽东著作选读:下》,人民出版社,1986,第 846 页。
② 江泽民:《江泽民论有中国特色社会主义:专题摘编》,中央文献出版社,2002,第 283 页。
③ 江泽民:《江泽民文选:第 3 卷》,人民出版社,2006,第 295 页。
④ 江泽民:《江泽民文选:第 1 卷》,人民出版社,2006,第 534 页。

述了生态文明建设各方面的内容，从而完整描绘了今后相当长一个时期我国生态文明建设的宏伟蓝图。我们要深入学习领会、认真贯彻落实，为实现社会主义现代化和中华民族伟大复兴而努力奋斗。

环境与发展存在矛盾，我们在认识上经历了三个阶段。开始时思考要绿水青山还是金山银山，将环境与发展完全对立。而后，提出了既要绿水青山也要金山银山，试图从中找到发展平衡点。最后，我们认识到绿水青山就是金山银山。尽管不同时期绿水青山的价值不一样，但是"环境就是民生，青山就是美丽，蓝天也是幸福。要像保护眼睛一样去爱护生态，像对待生命一样对待生态环境。对待破坏生态环境的行为，不能手软，不能下不为例"①，绿水青山的本质是不会变的。

2015年5月5日，《中共中央国务院关于加快推进生态文明建设的意见》发布。2015年10月，随着党的十八届五中全会的召开，生态文明建设首度被写入国家五年规划。2018年3月11日，第十三届全国人民代表大会第一次会议通过的宪法修正案，将宪法第八十九条"国务院行使下列职权"中第六项（生态文明环境报告）"（六）领导和管理经济工作和城乡建设"修改为"（六）领导和管理经济工作和城乡建设、生态文明建设"。为保证生态文明建设的有效实施，我国建立了一套完备的生态文明监管体制，并随着国情的变化不断改进与发展。

第四节　中国生态文明建设

关于生态文明建设的重大意义，党的十八大报告在第八部分的第一句话，就开宗明义地指出："建设生态文明，是关系人民福祉、关乎民族未来的长远大计。"②

中国在改革开放初期盲目地追求经济发展的高速化，且当时的现代生态文明思想并没有与古代传统生态文化接轨，因此这种短期性经济行为就以严

①《习近平总书记参加江西代表团审议时的重要讲话》，《人民日报》2015年3月6日。
②胡锦涛：《十八大报告全文》，2012年11月。

重破坏生态环境为代价,为中国生态带来了长期性、积累性的严重后果。良好的生态环境有利于人们生存,但是被破坏的生态环境则无力承担因为过度的人口压力、工业化压力、市场压力而膨胀的人类需求。而当人们意识到生态被破坏的严重性时,许多沃土已无法挽回。但幸运的是,生态并没有毁坏到无法拯救的地步,于是党和政府开始行动起来,着力防治环境污染、水土流失、拯救濒危物种、避免资源浪费与整治国土资源。

因此在当代中国,生态保护更加注重科学的可持续发展,逐步在稳定发展中挽救过去积压的后果,虽然仍有一部分无法恢复到健康的生态样貌,但局部地区的改善情况仍是较为良好的。可这种改变并不能完全拯救生态环境,因此我国仍需坚持和发展当代中国科学的生态思想。首先要建设正确健康的现代生态文明与新型生态经济,这必须要求所有的经济生产活动都符合人与自然和谐发展的要求;其次要坚持绿色、低碳、无污染的生活方式,以及在保护生态环境的基础上发展生态价值化;再次要大力发展科学、循环、清洁的现代型经济,改变传统的产业结构,提高自主创新能力,加速改变经济生产方式,推动产业结构的发展,走充分利用资源的环保型经济产业道路;最后要树立正确的发展观和生态观,加强建立法制型生态社会,维护好人民的基本利益。

党的十八大提出了生态文明建设的四大战略任务:一是优化国土空间开发格局,合理利用土地资源,减少围湖造田、伐林造田的行为,给农田留下修复空间,建造宜居中国、绿色中国;二是全面促进资源节约,集中利用资源,加大资源的循环利用效率,更多利用新能源,建设节能型社会;三是加大自然生态系统和环境保护力度,加大生态修复工作面,减少因化工问题造成的土地污染,积极应对全球污染问题;四是加强生态文明制度建立,要加强对资源损耗、环境损害、生态效益的监控,严格执行生态指标,完善各项保护制度,抵制追求短期经济破坏生态的行为,营造良好的社会经济风气。

党的十八大把生态文明建设纳入了中国特色社会主义事业"五位一体"的总体布局。所谓的"五位一体"既是为实现社会主义现代化和中华民族伟大复兴,也是中国共产党对实现什么样的发展、怎样发展这一战略的科学回答。在"五位一体"的指导下明确指出了,建设生态文明是关系人民福祉、关乎民族未来的长远大计。此后形成的习近平生态文明思想是习近平新时代中国特色社会主义思想的重要组成部分,并深刻回答了"为什么建设生态文明,建设什么样的生态文明,怎样建设生态文明"。要加大对自然生态系统的保护力度,扎实推进石漠化综合治理、退耕还林、天然林保护、水土保持等生态工程建设,建立健全国土空间开发、资源节约、生态环境保护的体制机制,努力建设生产发展、生活富裕、生态良好的生态文明建设先行区,极大地展现中国特色。

就目前而言,我国生态文明建设的着重点大概有三。一是加快形成有利于节约能源资源和保护生态环境的产业结构。坚持走中国特色新型工业化道路,促进信息化与工业化融合,加快改造传统制造业,提升其技术水平和竞争力。二是加快形成有利于节约能源资源和保护环境的增长方式。关键是要加快提高自主创新能力,促进科技成果向现实生产力转化。按照建设创新型国家的要求,认真落实国家中长期科学和技术发展规划纲要,加大对自主创新的资金投入和政策扶持,抓紧组织实施重大科技专项,重点突破影响经济社会发展的核心技术。推动国家创新体系建设,支持基础研究、前沿技术研究和社会公益性技术研究。三是加快形成有利于节约能源资源和保护生态环境的消费模式。首先,要从改变生产模式入手,对大量生产、大量消费、大量废弃的传统增长模式实行根本变革。其次,要坚决纠正和制止企业产品过度包装行为,过度包装不仅消耗了巨大的社会资源,而且也造成了极大的浪费。再次,广泛宣传科学发展观和生态文明观,大力倡导节能环保、爱护生态、绿色消费的观念,营造有利于生态文明建设的社会氛围。

在中国特色社会主义思想的指引下,我国生态城市建设大概可分成六类示范城市,即环境友好型城市、资源节约型城市、循环经济型城市、景观休闲型城市、绿色消费型城市和综合创新型城市。近几年来,我国生态城市建设理念深入人心,掀起了建设生态城市的热潮。但是,我国生态城市建设还存在着许多问题和挑战。一是生态城市建设缺乏法制保障和顶层设计,生态化标准的执行力弱化;二是城乡生态文明建设一体化未形成共识,忽视区域联系和城乡联动;三是生态城市建设的合力机制还没有形成,公众参与的力度不够;四是生态城市建设不能因地制宜,建设重点和特色彰显不够。[①] 无论是生态城市建

---

① 刘举科等:《中国生态城市建设发展报告(2012)》,社会科学文献出版社,2012,第221页。

设，还是生态文明建设，都需要一个过程和时间。相信假以时日，我们一定可以看到一个绿色美好的家园。

中国作为一个有责任感的大国，不仅在国内进行生态文明建设，更是以绿色发展的生动实践为世界贡献了"中国方案"。我国环境保护理念与国际同步，并成为全球生态文明建设的倡导者、推动者。在 2015 年巴黎气候大会上，《中国库布其生态财富创造模式和成果报告》被郑重地推荐给世界。2016 年，联合国环境规划署《绿水青山就是金山银山：中国生态文明战略与行动》报告发布。2017 年，塞罕坝和库布其被联合国规划署授予"地球卫士奖"。中国用实践证明，绿色发展之路没有错，生态文明建设没有错，绿水青山就是金山银山的理念没有错。绿色发展之路、生态文明建设之路一定会越走越宽广，也一定能给子孙留下天蓝、地绿、水净的地球家园，迈向生态文明的新时代。

改革开放四十余年来，是经济腾飞的四十余年，也是环境质量波浪式变化的四十余年。伴随着改革开放，环境质量经历了从良好、恶化到总体好转的演进过程。这四十余年来，关于环境质量保护的政策法规也越来越多，并且还在不断完善。生态环境保护是国家治理体系的重要组成部分，与改革开放四十余年进程和经济增长密切相关。我国在四十余年内完成了发达国家上百年才完成的工业化、城镇化和全球化，这是十分骄傲与自豪的。但同时我们也面临着发达国家上百年才遇到的环境问题，这些问题在短时间内集中爆发，环境保护进入了压力叠加、负重前行的阶段与关键期。我国的环境保护战略从改革开放初期的"靠山吃山，靠水吃水""有水快流"，到"既要金山银山，又要绿水青山；宁要绿水青山，不要金山银山"，再到党的十九大提出的人与自然和谐共生的新时代。[①]生态文明建设不仅需要环境保护战略和观念，更是需要实践行动。推进生态文明建设是实现中国梦的重要内容。拥有天蓝、绿地、水净的美好家园，是每个中国人的梦想，是中华民族伟大复兴的中国梦的重要组成部分，美丽中国正好承载着这一美好愿望。必须把生态建设放在突出地位，融入经济、政治、文化、社会建设的各个方面和全过程，推动形成人与自然和谐发展的现代化建设新格局。

----

① 周宏春：《生态文明建设发展进程》，《天津日报》2018 年 11 月 12 日。

第二章　历史演进

生态文明是对人与自然和谐发展的必然要求。生态文明建设是中国国家永续发展的根本大计。随着经济的不断发展和综合国力的不断提高,工业化和城市化的步伐正在加快,城市人口给予环境的压力与日俱增,环境保护与部分产业经济发展之间的冲突矛盾显现,生态文明建设越来越被各个国家在制定发展战略时所考虑,生态文明建设是功在当代、利在千秋的事业已成为目前世界各国的共识。面对新时代,我国政府始终重视人与自然的和谐共处,提出了丰富而深刻的生态文明建设思想。在党的十八大报告中,提出了推进生态文明建设的任务,系统地论述了生态文明建设,将其提高到了一个前所未有的高度:"必须更加自觉地把全面协调可持续作为深入贯彻落实发展观的基本要求,全面落实经济建设、政治建设、文化建设、社会建设、生态文明建设五位一体总体布局,促进现代化建设各方面相协调,促进生产关系与生产力、上层建筑与经济基础相协调,不断开拓生产发展、生活富裕、生态良好的文明发展道路。"①

第一节　理念的缺失和生态"赤字"

2006 年,国际民间组织"全球足迹网络"(Global Footprint Network)首次提出了"地球生态超载日(Earth Overshoot Day)"的概念,即人类在该年度的资源消耗量超过了资源再生量的那一天。该研究团队表示,2018 年的"地球生态超载日"为 8 月 1 日,也就是说,在这一天,我们已经正式用完了地球 2018 年这一年可再生的自然资源的总量。而在那之后,都是单方面的消耗了。根据"全球

---

① 胡锦涛:《十八大报告》,2012 年 11 月。

足迹网络"编制的图表，过去几十年，"超载日"的日期不断提前，这样的情况使人担忧，也将我们的目光再次吸引到生态赤字上。生态赤字是一个国家或地区的生态消费或需求超出其生态供给之间的差额。

近年来，"生态赤字"如同一把悬在人类头顶上的利刃，不断警示我们人类的活动给环境带来的负荷已经超过了生态所能承受的极限。经济发展所需的消耗不断地增长，但资源是有限的，生态破坏、环境恶化致使生态赤字不断地扩大。为了谋求经济发展与环境保护的双赢，各国都在不断地努力。

一、关注生态赤字的原因

生态赤字的原因有很多，这里提到的也仅是其中之一。生态哲学揭示出，人类追求生存与发展，追求精神满足，追求人类成员间的和谐，追求人类与自然的和谐。从消费角度来说，我们可以把人类需求划分为物质需求、人文需求和生态需求。人们的这些需求是递进式的，当基本的物质需求满足后，对生态的需求就更强烈。[①]党在十一届三中全会后，正确认识和把握了社会主义初级阶段的主要矛盾，大力发展了社会生产力，并在这个基础上逐步改善人民的物质文化生活。通过党的十九大报告我们可以得知："中国特色社会主义进入新时代，我国社会主要矛盾已经转化为人民日益增长的美好生活需要和不平衡不充分的发展之间的矛盾。"[②]社会主要矛盾已经转化，物质需求已经不再是问题，这时候我们应该将目光放到生态研究，无论是对"两座山"的认识转变，还是提出像爱护眼睛一样爱护生态，都显示了我们日益意识到生态文明的重要性。

二、理念缺失与生态赤字联系

有关专家指出，近年来，生态环境恶化的趋势尚未得到根本遏制。深层次的原因是公民缺乏生态文明的意识以及环境保护观念淡薄。一些企业和个人只重视经济效益，忽视环境保护，为了快速获得利润，不惜以牺牲环境为代价，

---

① 曾贤刚：《如何提高我国企业的环境竞争力》，《生态经济》2004 年第 4 期。
② 习近平：《十九大报告》，2017 年 10 月。

造成环境污染日益严重。国家为了保护生态环境,采取了经济、法律和技术等手段,然而由于缺乏道德意识的支持,公民生态文明观念在基层仍然薄弱。中国一些行业的高能耗、高污染、低产值凸显传统发展模式带来的"生态赤字"。生态文明理念的缺失让某些企业及个人无法认识到环保的重要性,无法使国家的相关措施得到更好的实施。例如,随着电商行业的发展,各种电商平台、购物程序兴起,带动了快递业特别是外卖行业的快速发展。打包对于购买者来说仅是一元两元打包费的支出,但是对于收拾外卖垃圾的人来说则是极大的负担,而且外卖筷子的大规模使用也在无形中极大地破坏了生态环境。在物质需求基本满足的今天,缓解生态赤字更应该重视国民生态意识的培养。企业应该更加重视生态效益,人民也应负担社会责任。2018 年 5 月 18 日至 19 日,第八次全国生态环境保护大会在北京召开,会上习近平主席再次强调了生态环境保护和推进生态文明建设的紧迫性。在国家的高度重视下,应用最严格制度、最严密法治保护生态环境,并将人民的参与也纳入其中,使每个人都成为生态环境的保护者、建设者、受益者。

第二节　"资源诅咒"悖论与自然资源禀赋

一、"资源"的界定

在了解"资源诅咒"前,我们理应认识资源的定义:"资源"是指一个国家或者地区所拥有的各种物力、财力、人力等物质要素的统称。资源可以分为两大类,即自然资源和社会资源。自然资源包括阳光、空气、水、土地、森林、草原、动物、矿藏等;社会资源包括人力资源、信息资源以及经过劳动创造的各种物质财富等。资源并不是我们通常认识的石油、水等这样狭义的概念。马克思在《资本论》中说:"劳动和土地,是财富两个原始的形成要素。"恩格斯的定义是:"其实,劳动和自然界在一起它才是一切财富的源泉,自然界为劳动提供材料,劳动把材料转变为财富。"①马克思、恩格斯的定义，既指出了自然资源的客观存在，又把人（包括劳动力和技术）的因素视为财富的另一不可或缺的来源。资源是广义的概念，对资源概念的狭义理解应该存在值得商榷的地方。

二、"资源诅咒"概述

"资源诅咒"是经济学的一个著名命题。奥蒂在研究采矿国家的经济发展时，首次提出"Resource Curse"的概念，即丰富的资源对一些国家的经济增长可能不是充分有利的条件，而是限制。换句话说，资源丰富的地区由于资源所带来的优势，期望顺利发展，但结果反倒会降低经济发展速度，甚至制约经济发展。经济学家将原因归结为贸易条件的恶化。"荷兰病"是"资源诅咒"的一种表现形式，"荷兰病"（Dutch Disease）是指自然资源的丰富反而拖累经济发展的一种经济现象。经济学家们则常常以此来警示经济和发展对某种相对丰富的资源的过分依赖的危险性。如人力资本的投资不足等，主要由对某种相对丰富的资源的过分依赖导致。以荷兰为例，20 世纪 60 年代，荷兰政府大力发展石油和天然气行业，出口额大幅度增长，出现巨大的贸易顺差。但是这也导致了农业和其他工业部门大幅度萎缩，反过来削弱了出口行业的国际竞争力。到了80 年代初，荷兰的通胀率上升导致出口额受到影响。随之而来的是收入增长率持续走低，失业率上升。可是除了一些主观原因，不能片面认为是资源丰富致使这些社会问题的出现。然而，它确实没有控制发展开发过程中的质量。当时的国情是，荷兰盾涨了，工人的工资也涨了。其结果是，生产成本大幅上涨，而工业产品的国际竞争力大幅下跌，造成了经济恶化。随着经济的恶化，在经济增长时期已经大幅增加的社会保障体系，给政府施加了巨大的财政压力，而财政赤字也迅速增长。正是在发展时一味发展出口使其他产业缺失"创新"原动力，在社会压力下不堪重负，最后才带来了不好的结果。由此可见，所有通过对资源的狭义理解而得出的观点都是矛盾的，"资源诅咒"理论也就成了悖论。

---

①《马克思恩格斯选集第四卷》，中共中央马克思恩格斯列宁斯大林著作编译局译，人民出版社，1995。

三、自然资源禀赋论

自然资源禀赋论是由赫克歇尔、俄林提出的,也称为新古典贸易理论,其主要理论为某一地区的自然禀赋的相对优势会在一定程度上影响贸易利益。在众多国家中,中国的自然禀赋是极好的。中国拥有世界上最强的季风,东南季风和西南季风带来丰沛的降水,十分利于农业发展,东部地区有广阔的平原,整个地形类型丰富多样,NPP(植物通过光合作用固定太阳能的能力)极高。凭借着劳动力数量与生产成本低的优势,中国目前占据着出口优势,我们不禁会想,自然资源如此优越的我们是否也会患上"荷兰病"呢?自然禀赋一定程度上会影响贸易,比较贸易差距的实际基础来源于各地区生产要素自然禀赋的相对差异。可以推测,自然禀赋不同可以决定不同地区生产要素的价格,使人力、物力等成本差异不同,使各地区所具有的优势不同,最终影响贸易。综上所述,资源与地区发展有着千丝万缕的关系。因为中国的自然禀赋高,所以其资源与本国的经济增加有着更加明显的联系。由党的十九大报告可以看到:"创新是引领发展的第一动力,是建设现代化经济体系的战略支撑。"在2017年,C919大型客机飞上蓝天,量子计算机研制成功,首艘国产航母下水,深海滑翔机完成深海观测,首次海域可燃冰试采成功,复兴号高速列车奔驰在祖国广袤的大地上等。这一个个科技成果都充分展示了中国的创造活力和创造伟力。也让我们看到,中国不仅只是口头创新,我们也在用行动实践着我们说过的话。并且在发展的过程中,我国一直重视发展质量,甚至在刻意降低发展速度希望提高发展质量。所以,我们可以推测,对于荷兰病,我们有信心避免。

第三节   中国资源型城市的发展状况

中国幅员辽阔,复杂的地形和多样的气候造就了丰富的自然资源。而我国经过千百年的发展变化,也积累了不少的社会资源。不同的城市,由于其所处的地理位置的不同,以及社会条件的不同,导致有的城市成了政治中心,有的城市成了经济中心。从城市分类学上看,还有一类城市,因其特殊的性质、功能、地位而备受各界关注,这就是我们要研究的资源型城市。[①]

一、资源型城市阐述

资源型城市是依托当地的矿产、森林等自然资源进行开采、加工等工业活动的城市,对带动当地经济发展和现代经济转变具有重大的影响。对于资源型城市这一概念,社会各界对此看法不一。有人认为资源型城市是为民众生活、国家工业发展提供资源的基础性工业城市, 也有人认为资源型城市是以资源为中心,逐渐壮大起来的"地域"。无论从哪种说法来看,它们的中心都是资源。所以,资源型城市的兴衰必然依托于资源的存亡。

这就不得不提到资源型城市的判定原则。其中最重要的一点就是发生学原则,从字面意思上看,"发生"也就是资源和城市的先后顺序。可分为两种模式,一种为"先矿后城式",即城市建立在资源条件上,比如以石油闻名的大庆、钢铁资源丰富的攀枝花;另一种为"先城后矿式",即在资源开发之前城市早已存在,如大同、邯郸。其次,就是动态原则,也就是我们要以全面的眼光审视这个城市的过去以及现在。一个城市的发展变化是很复杂的,或许有些城市曾经是资源型城市,但由于各种因素,资源型产业占比下降甚至衰落,若我们再将其称为资源型城市就有失偏颇了。最后,资源型城市的定义必定要遵守定性与定量相结合的原则。定性带有太多的主观因素,而定量又太过机械、死板,科学地将其结合,以定量为主、定性为辅,才能更好地判定资源型城市。

二、资源型城市发展现状

资源型城市在我国经济中占有相当大的比重, 其面临的问题主要有以下三个方面:

第一,资源型城市产业结构单一,工业经济综合化发展程度低下。据有关数据显示,资源型城市采选业产值占工业总产值比例达 33.6%,而若再加上一些初加工工业,其产值就将达到甚至超过工业总产值的一半。与此同时,资源

[①] 国家统计局城市社会经济调查总队:《1999 年中国城市统计年鉴》,中国统计出版社,1999。

型城市还存在产业比重不协调这一严重问题,第二产业比重偏高,第三产业发展不够,这就又导致了资源型城市畸形的就业状况。就业人口集中于资源开发、加工与经营的企业,而资源型城市第二产业就业人口比例远远高于全国城市的平均水平,第三产业就业人口则又明显低于全国平均水平。

第二,资源枯竭的城市不断涌现。随着资源型城市的不断发展,资源枯竭问题日趋突出,主要表现在工业化的初期和中期。从我国来看,素有"煤城"之称的河南焦作,在工业发展初期大肆挖采煤矿,虽取得了不菲的经济效益,但却违背了可持续发展原则,导致资源枯竭。放眼国外,德国鲁尔矿区和法国洛林矿区也曾是名噪一时的煤矿之乡,但它们也有这个致命的问题,就是过度依赖于矿产资源,最终导致城市的衰落。

第三,生态环境破坏严重。资源产业是严重的环境污染和破坏型产业,而我国的资源型城市绝大部分以矿产资源为主,这也就更加重了对土地、大气、水质、生物的危害。由于对资源的开发和粗加工,导致大面积的地表塌陷及沉降,形成了大片的塌陷区,人地矛盾也日益突出,甚至会诱发地震等自然灾害;与此同时,在矿产资源的开采和利用过程中排放的废气、废渣、粉尘,以及排放的废水、废液,对地下水源和空气质量都将造成严重的破坏。

三、资源型城市发展规划

加快转变经济发展方式是破解资源型城市发展难题的根本方法。资源型城市的发展必须以其为主线,坚持把经济结构调整为主攻方向,坚持可持续发展原则,才能促进经济又好又快地发展。

对于资源型城市来说,资源是其发展不可缺少的要素,但越发展就必然越会面临资源枯竭这一问题。资源型城市所依靠的大多都是不可再生资源,这种资源产业竞争力较弱以至于资源型城市很快就会淹没在市场这股大潮中,因此资源型城市的转型就显得尤为重要。城市转型,主要是指转变依赖不可再生资源的开发利用的现状,转向培育多元化产业或者挖掘更有潜力的产业。而转型的关键就是提高产业竞争力。在此之前,我们要认清资源型城市发展的"先天不足":其主导产业的附加价值低以及产业的波动性大。产业附加价值低主要表现在,资源型产业长期以产品的属性、形态、层次为主,而对技术、管理方面的投入并不高。同时，资源型产业是典型的上游产业，是最传统的产业，明显受制于下游产业的发展变化，一旦下游产业经济状况不佳，资源型产业就会受到很大的影响。因此转型就要有针对性地采取措施，"因地制宜"地选择适合自身最佳的科学规划方式，最大限度地提高自身的竞争力。

另外，资源型城市也要树立强烈的可持续发展观念。传统的资源型城市通常都是在传统的发展观下发展的，可这种发展会带来生态环境破坏等一系列问题。"绿水青山就是金山银山"，资源型城市要想在市场中占有一席之地，就必须协调好人与自然的关系，统筹兼顾。因此，资源型城市首先要建立和强化可持续发展观念，综合利用各种手段破除传统理念的束缚，实现由传统线性经济运行模式向循环经济运行模式的彻底转变。还要健全监管机制，全面了解资源的稀缺程度和环境的损害成本。资源开发企业在资源补偿、生态建设和环境整治、安全生产及职业病防治等方面要落实主体责任。

第四节　中国特色生态文明建设

随着工业革命的浪潮席卷而来，中国各地都一味地追求经济效益，忘记了生态的重要性，这使得我国的生态环境变得千疮百孔。而到了现代，工业化、城镇化的步伐加快，人口与环境之间的矛盾愈加激烈，生态文明建设提上章程更显紧迫。党的十六大以来，以胡锦涛同志为总书记的党中央以科学发展观为指导，形成了建设生态文明的战略思想。党的十七大把"建设生态文明"列入全面建设小康社会奋斗目标的新要求，并作出战略部署。党的十八大上公布了"五位一体"建设中国特色社会主义的新任务，第一次将"生态文明建设"写入新党章。这是共产党人对社会发展与环境关系认识的巨大理论飞跃。

党的十八大以来，以习近平同志为核心的党中央站在坚持和发展中国特色社会主义、实现中华民族伟大复兴的中国梦的战略高度，形成了习近平生态文明思想。

生态文明建设是治理环境污染的现实需要。2010年中国的GDP(国内生产总值)超过日本跃居世界第二。但有发展就必然有失去，我们清晰地认识到，这些成果是以惨痛的生态环境换来的。世界银行《2007 世界发展指标索引》表明,全球 111 个空气污染城市中,中国榜上有名的竟有 24 个。《2007 年中国环境状况公报》显示,中国有近四成的城市达不到国家二级标准,在监测的 500 个城市(县)中,出现酸雨的城市有 281 个,占 56.2%。[①] 如此严重的环境污染和生态危机,不仅需要高昂的费用去整治,更威胁着人民的健康。因此,要坚持生态惠民、生态利民、生态为民,重点解决损害群众健康的突出环境问题。

一、生态文明的内容

建设生态文明所包含的内容非常丰富广泛。首先从价值取向方面来看,先进生态伦理观念的建立至关重要。我们要使生态意识、文化、道德观念成为中国特色社会主义的核心价值要素。其次从物质基础方面来看,要建设发达的生态经济。要大力发展节能产业,推动绿色经济、循环经济、低碳经济快速发展。再次从激励与约束机制方面来看,必须建立完善的生态制度。要建立健全法律制度,严厉打击破坏生态的行为,把环保公平公正加入经济社会决策中。最后从根本目的方面来看,必须持续改善生态环境质量。要加大空气监测力度和水质管理与保护,让人民更加地安心。

二、中国特色生态文明建设中的问题

第七次全国人口普查显示,我国人口已超过 14 亿,同时中国每平方公里平均人口密度为 148 人。由此观之,我国虽然各种自然资源总量大,但人均占有量却远低于世界平均水平。而且我国正处于工业化和城镇化的快速发展阶段,对资源的需求比较高,这也导致我国的生态文明建设面临着诸多的困难与挑战。

首先,我国在协调环境保护和社会进步方面存在较多问题。随着我国人民对生态环境保护问题重视性的提高,一些地方污染性事件逐渐被揭露出来,但政府官员并未深刻秉承“为人民服务”的宗旨、坚持“对人民负责”的原则,对污

---

① 黄慧贞:《浅论中国特色社会主义生态文明建设问题》,思想政治理论课课程论文,华中师范大学,2014,第 4 页。

染事件处理不当甚至让这些环境问题一拖再拖。此种社会新闻屡见不鲜,激起了群众的强烈不满,甚至于采取了集体抗议性行为。这不仅对党和国家的形象有所损害,还严重威胁了社会稳定和安全。其次,环境权益的维护依然艰难。我国环境损害民事赔偿和司法救济体系尚不健全,环境法律对违法者的打击震慑力度不够,受害群众在环境纠纷中很难维护自己的基本权益。与此同时,我国在环境保护和经济发展方面也难免顾此失彼。过去几十年粗放的经济发展方式对我国的生态环境造成了巨大的影响,在经济高速增长的同时也付出了惨痛的资源环境代价。如今,我国经济增长的方式仍然存在着"高投入、高消耗、高排放、不协调、难循环、低效率"的问题。根源所在,就是我国的科技支撑不够。我国科技进步对经济增长的贡献率一般在30%左右,远低于世界发达国家60%的水平。而对技术人员的科研奖励也是微乎其微的,无法激起科研的激情,就更不用说进行资金方面的科技投入了。环境基础设施建设方面力度仍不够,这使得环保旧账尚未结清,就又欠下了新账。各种新老问题证明,我们要进行深度的生态文明建设仍然任重道远。

就生态资源而言,生态退化趋势未得到有效遏制。目前我国森林总体质量呈下降趋势,草地退化严重,开发矿藏资源以及工程建设所导致的生态破坏无法得到有效遏制。生物资源濒危日益突出。由于栖息地和环境的改变,很多生物难以在一个陌生的环境里生存下去。"物种侵袭"的日趋频繁严重威胁到了一些物种的繁衍生息,甚至迫使物种灭绝。过度的人类活动也是影响其发展的一大因素,导致我国生物资源濒危问题日益突出。生态保护基础薄弱,投入不足。生态保护基地过于贫乏,使得濒危物种无法得到更好地保护。生态保护方面所投入的资金过少且渠道单一,治理效益过低。科研力量所限导致生态保护能力建设滞后。生态监测工作还处在初级阶段,无法为生态管理工作提供足够的支撑。

三、中国特色生态文明建设的实现途径

中国素来奉行"以人为本"的理念,因此中国特色生态文明建设就必须抓牢"人民"这个中心。生态文明建设坚持"以人为本"可以从两个方面来讲。

第一,要深刻了解到群众的力量。生态文明本是人与自然和谐相处、全面

发展的一种伦理形态,若是无法把生态文明理念根植到人民的头脑中,离开了人民的积极参与和实践,那么这项建设就将成为无源之水、无本之木。现如今,我国虽已实现了总体小康,但不能忽视的是,我国仍是发展中国家,在一些发展不够的地区仍有很多人处于贫困之中,他们的温饱问题尚未解决又何谈建设生态文明呢?而对于一些经济发达的地区来说,企业、公民甚至政府,在利益的诱惑下,完全缺失了生态文明理念,生态道德观也日趋磨灭。由此可见,把生态文明建设传播到人民中是很有必要的,要充分利用报纸杂志、网络媒体对我国的各个阶层人群进行生态文明科普,广泛传播生态破坏的严重性。同时,也要加强与学校的联系,要求学校开展生态环境保护的相关课程,定时邀请相关专家进行生态文明知识讲座,力争把生态文明理念从小就植入到学生的血液中。对于社会来讲,要着力改善人们的消费观和生活观,倡导低碳环保,不追捧动物皮毛制成的奢侈品,抵制使用一次性碗筷和白色塑料袋,使全社会形成一股保护生态环境的良好风气。

第二,要切实保证群众的安危。人民群众拥有享有良好的生态环境的基本权利,因此在生态文明建设中要保护人民的这项权益。近年来,我国环境污染事件频发,例如宁波镇海 PX 项目、江苏启东污水排海项目、天津 PC 项目、四川什邡钼铜项目等多起环境污染诱发大规模群体性事件。在食品安全方面,"雅培"奶粉事件、"肯德基"速生鸡事件、"黑馒头"事件等重大食品安全事故层出不穷,这些突出的环境问题,不仅引起了民众的强烈恐慌,更直观地反映出了解决环境问题的必要性。要加强食品药品的检疫检测力度,加大政府机关、企事业单位、学校食堂的卫生检查频率,集中力量优先解决非法食品添加剂、危险化学品和废弃物、细颗粒物与持久性有机污染物等与民生关系特别密切的环境问题,严厉查处违法排污等违法犯罪行为,努力减少环境生态污染事件上升的数量。同时要建立重大事件群众协商机制和专家评估机制,努力把生态环境问题扼杀在萌芽阶段。

与此同时,生态文明建设最重要的主体就是国家。从国内来看,我国应加大生态资金建设投入,加快生态科技成果推广应用。环境的整治和生态的修复是两项大工程,不仅耗时耗力,而且耗费巨额资金。我国政府在环境保护和生态建设研究方面投入的资金逐年增加,并取得了大量有实践意义的科研成果,但是,我们应当看到,在生态科学领域,我国的基础研究和技术研究仍然是很薄弱的,在生态科技成果的推广应用方面所投入的力度还远远不够。要增加政府对生态环境保护方面的财政支出, 成立专门的特大环境污染和生态修复项目。深刻贯彻落实"人才强国"战略,推动"青年英才开发计划"、新世纪百千万人才工程,结合环保领域特点和需求,培养造就一批环境科研领军人才。对于企业来讲,要引导其重点研发火电厂脱硫脱硝成套技术、城市污水处理及中水回用技术、高浓度难降解工业废水处理技术、高效除尘与细微粉尘控制技术、大型垃圾焚烧及烟气处理技术、危险废物处理技术、垃圾填埋场渗滤液处理技术、清洁燃料技术、生态保护及修复技术、环境监测新技术等。[1]努力培养一批现代化的环保企业,让环保成为市场的标杆。

从国外来讲,要加强生态文明方面的国际合作,履行我国应该承担的国际责任。在全球化的国际大背景下,各国在生态环境方面也息息相关。全球变暖似乎成了最为严重的国际性问题, 这个问题致使全球性气候异常,海平面上升,破坏了全球自然生态系统的平衡,对人类的生存产生了巨大的威胁。溯其根源,人类焚烧化石燃料、砍伐并焚烧森林产生了大量的温室气体,这种气体累积形成的温室效应就导致了全球变暖。那么在这种情况下,中国作为一个负责任大国,必须要承担起自己的国际责任,履行自己的国际义务,为全球环境气候治理作出积极贡献,并成为其中的重要建设性力量。要在坚持"共同但有区别责任" 原则的基础上, 积极推进应对全球气候变化的多边谈判和国际协商,广泛凝聚各方共识,不断巩固既有谈判成果,尽快达成"大家都能接受"的应对全球气候变化的解决方案。要积极参与全球及区域性的深度环境科技合作,不断加强全球性、跨区域、跨流域的重大生态环境污染问题的国际协作,努力为解决全球及区域性环境难题作出贡献。[2]同时,也要加强与国外大学、科研机构的合作, 积极吸收国外在环境保护管理方面的经验和教训,并在此基础上,结合我国国情自主创新,整理出一套有效的生态环境建设方针。

---

① 周生贤:《努力开创环境科技工作新局面》,《人民日报》2006 年 8 月 19 日。

② 黄慧贞:《浅论中国特色社会主义生态文明建设问题》,思想政治理论课课程论文,华中师范大学,2014,第 4 页。

我们在生态文明建设上从无知走到了重视，从愚昧走向了科学。生态文明建设是一条遥远的路，我们要凝聚各方共识，深刻地了解生态环境方面的不足，唯有如此，才能更好地保护家园，使人与自然和谐相处，确保到2035年美丽中国目标基本实现，到21世纪中叶建成美丽中国。

第二编

实践与探索：国家治理是中国生态文明建设的必由之路

随着改革开放的进行，中国不断地发展，国家综合实力日益增强，但生态问题也频繁出现。究竟是要发展还是要治理？发展与治理的问题日益突出。党的十九大提出了建设美丽中国的理念，习近平总书记说："生态环境是关系党的使命宗旨的重大政治问题，也是关系民生的重大社会问题。"①生态文明建设成为中国转型发展的大势所趋。

生态文明建设与国家治理现代化密不可分，生态治理是国家治理体系和治理能力现代化的重要内容。随着经济全球化的发展，国际产业重组，中国面临巨大的环保挑战。要想实现生态的可持续发展，必须要转变观念，由征服自然变为尊重自然，由向自然索取变为爱护自然，与自然和谐相处。实现了生态文明建设的可持续发展，就能促进国家治理体系和治理能力的现代化的发展，从而建设秀美山川，建设美丽中国。

---

① 习近平：《推动我国生态文明建设迈上新台阶》，《求是》2019年第3期。

第三章　国家治理与生态文明建设

第一节　国家治理的概念

国家治理现代化包含了国家治理体系的现代化，也包含了国家治理能力的现代化；国家治理是指一国范围内的所有治理，它既包含了经济、政治、文化、社会、生态文明、国防军队和党的建设等各个领域的治理，也包含了政府治理、政党治理、市场治理、社会治理、小区治理、第三方治理、源头治理等各个方面的治理。①

一、国家治理体系现代化的内涵

一个国家选择什么样的治理体系，是由这个国家的历史传承、文化传统、经济社会发展水平决定的，是由这个国家的人民决定的。我国今天的国家治理体系，是在我国历史传承、文化传统、经济社会发展的基础上长期发展、渐进改进、内生性演化的结果。②

在中国古代便有了治理体系这个概念。战国时期，秦国在实行商鞅变法之后，国家治理逐渐领先于其他六国，而其余六国因旧贵族顽固抵抗变法或不思进取而日益落后，秦国逐渐消灭六国，统一了中国。但是，秦国从战国到统一全国并且到灭亡，治理采用的是法家思想，靠的是武力，这也最后导致了人民的反抗与起义。汉高祖时期采用黄老思想治理国家，实行郡国并存制，对百姓

---

① 许耀桐：《应提"国家治理现代化"》，《北京日报》2014 年 6 月 30 日。

② 习近平：《完善和发展中国特色社会主义制度，推进国家治理体系和治理能力现代化》，人民网，2014 年 8 月 14。

轻徭薄赋，免收苛捐杂税，这虽然在刚结束战乱的汉初产生了极大的积极意义，但却导致了七国之乱和其他的社会问题。经过不断地探索，在汉武帝时期独尊儒术，罢黜百家。融合法、道、阴阳家的思想形成了天人合一、三纲五常、内儒外法、济之以道等思想，并且将其视为统治者的统治工具用来统治百姓，而这也成了中国古代治理体系的雏形。在北宋时期，儒学、佛学、道学三教合一，儒学进一步发展，并且上升到了天理的高度，形成了存天理、灭人欲的思想，这时古代中国的治理体系走向了成熟。到了明清时期，出现了启蒙思想，提倡改革中国传统治理体系。但由于明清启蒙思想自身的发展也扎根于儒家思想，所以这并不能算是变革，只能说是丰富和补充了传统治理体系的不足。

古代中国治理体系的变革直到近代才被迫实现。由于西方国家的殖民侵略，近代中国有识之士不断探索出路。洋务运动时期提倡中体西用，保持中国原有的治理体系，但结果行不通。维新变法、民国时期的新文化运动提倡西方先进的治理体系，但经过实践证明，这在半殖民地半封建社会的中国根本行不通。所以，国家治理若脱离现代化，落后于时代必将导致国家的落后，甚至挨打。国家治理落后甚至还会被时代所抛弃，被世界所抛弃。清政府统治时期，政治上实行封建专制主义中央集权制度并达到顶峰，思想上则利用八股取士、文字狱等制度严格钳制人民思想，封建统治日益腐败，社会矛盾日益突出。此外经济上仍以自给自足的封建经济为主，闭关锁国控制民间来往，资本主义发展受到了严重的阻碍。军事上的制度、管理方式以及装备等方面不断落后，严重与时代脱轨。综观西方各国，资产阶级思想广泛传播，资产阶级大革命激烈进行并不断蓬勃发展，政治、经济、文化、思想等方面日益开放，军事上也日益强大，各个方面皆跟上了时代的脚步，西方国家开始了它们的殖民扩张。而此时，脱离发展轨道的中国则因为落后而成了西方侵略和角逐的对象。

直到马克思主义传进中国才让中国找到了行得通的治理体系，并且在1956年三大改造完成后根本上实现了落后治理体系向社会主义先进治理体系的过渡。但这并不意味着中国已经实现了中国治理体系的现代化，因为那时的中国仍然处于一种相对封闭的状态，而且还抛弃了中国传统的治理体系。如今中国治理体系现代化的推进是在完全开放中进行的，并且开放程度还在不断加大。现在中国治理体系现代化的推进从根本上来说是在社会主义治理体系下结合中国传统治理体系、传统文化以及中国快速发展的经济模式所结下的果实。这就是我国治理体系现代化的先进内涵。

　　当今世界,推进国家治理的现代化与实现国家富强、民族独立仍是不可分割的。而且这也关系着一个国家总体的现代化程度,进一步说也关系着一个国家在国际社会上的地位和发言权,甚至是否受制于他国。此外,国家治理的现代化也并不是单方面的,而是多方面的集合。如现代的利比亚,虽然政治、经济、文化制度等方面实现了现代化,但是军事上不够独立,没有发展自己国有的军事装备而是依靠他国,自身并没有注重军事上的现代化发展,最终被西方国家以各种不合理的理由侵略,或是成为两大国势力角逐的前线战场。所以推进国家治理现代化绝不能只是推进某一方面的现代化,而且单方面的现代化也不能称其为已实现现代化或现代化国家。现代化必须统筹兼顾,注重全面发展,不断跟随时代潮流。

二、国家治理能力现代化的内涵

　　国家治理能力包括政治、经济、文化、社会、生态文明、军事和党的建设等方面的内容。推动这些方面的发展就必须要推动治理能力的提升。提升治理能力不只是对党的要求,也是对全社会的要求,其中包括政府、基层组织、自治组织、社会组织等。党要做好带头作用,发挥其领导核心作用,保持其先进性与纯洁性,各组织则要坚持党的统一领导,不断提高自身治理能力。只有治理能力提高了才能谈现代化。

　　国家治理体系的现代化与国家治理能力的现代化不是分离的概念,它们之间是相辅相成、必不可分的。治理体系现代化是推进治理能力现代化的保证,治理能力现代化是治理体系现代化的重要体现。二者的统一才造就了国家治理的现代化,也只有将二者统一起来才能实现国家富强和民族复兴。

　　一个时代的政治和经济决定了一个时代的文化,文化则是这个时代政治经济的体现,并且反作用于政治经济。此外,文化对人、社会、生态文明和军事都会产生巨大的影响,先进的文化会产生积极影响,落后腐朽的文化则会阻碍发展。所以在推进治理能力现代化的过程中必须重视政治、经济和文化方面的现代化。另一方面,我国是人民民主专政的社会主义国家,本质是人民当家作主,人民是历史发展的主体。所以推进国家治理能力现代化要以人民为核心。全面依法治国是提升治理能力的重要保证,治理能力现代化要求在治理国家的同时必须要不断地完善宪法和法律。

所以,坚持党的领导、以人民为核心、全面依法治国是国家治理现代化的重要原则。

国家治理现代化是一个完整的体系,也是中国的第五个现代化,前四个现代化分别是工业现代化、农业现代化、国防现代化和科学技术现代化。[①]国家治理现代化不是简单的第五化,它是国家治理体系现代化和国家治理能力现代化的统一。它还包括政治现代化、经济现代化、文化现代化、军事现代化、生态文明现代化和社会现代化,这些都是一个国家发展的各个方面,也是一个国家不可缺少的重要内容。因此国家治理现代化是众多现代化的集合,是两大现代化和各个分支现代化的统一,是一个完整的体系,绝非只是一个个体。

政治上,中国不断地完善人民代表大会制度、中国共产党领导的多党合作和政治协商制度、民族区域自治制度、基层群众自治制度,不断修改宪法,完善宪法,继续简政放权,扩大民主。此外,中国深化改革开放,更大程度上对外交流与了解,学习国外先进政策。作为联合国安理会常任理事国之一,我国坚定不移地遵守《联合国宪章》。坚决反对霸权主义,坚决反对以任何理由无缘无故发动战争,为维护世界和平作出重大贡献。

经济上,我国正处于经济结构转型的关键时期,经济下滑压力不断加大,经济发展面临巨大挑战。在这个新常态的国情下,经济发展再也不能追求超高速发展,经济列车要想稳住方向盘和速度,就要考验政府的经济治理能力。在这方面政府采取了深化简政放权、放管结合、降低税收等一系列措施,这也体现了政府经济管理能力的提高。政府还不断推动"一带一路"倡议,如为一带一路沿线国家搞基础设施建设就可以解决我国水泥生产过剩的问题,而沿线国家也因此受益匪浅,这样就实现了双赢,从中也体现了我国经济管理能力的现代化程度。

国防军事上,我国航母、歼20、激光武器、东风导弹等一系列军事武器装

---

① 许耀桐:《应提"国家治理现代化"》,《北京日报》,2014年6月30日。

备到了军队中,使我国国防和军事实力不断强大,能攻能守,彻底摆脱了落后挨打的状态,我国国防军事的现代化不断得到推进。

科学技术上,人造卫星技术、量子计算机、太行发动机、天眼、北斗导航系统等实现完全国产,取得了巨大成就。

思想成果上,自改革开放以来,我国在国家治理方面产生了众多先进的思想成果。如邓小平理论、"三个代表"重要思想、科学发展观、习近平新时代中国特色社会主义思想等。这些思想都是马克思主义与中国国情相适应的成果,而习近平新时代中国特色社会主义思想则是马克思主义中国化的最新成果,是当代中国的马克思主义、是 21 世纪的马克思主义。这些成果都具体解答了中国每个时期的重要问题。除此之外,"一带一路"倡议、人类命运共同体等也明确了我国的发展道路。实现两个一百年奋斗目标也成为我党的重要思想成果,并成为指导党前进的灯光。

第二节　生态文明建设与国家治理的关系

一、生态文明建设在国家治理中的地位和作用

1. 生态文明建设是国家治理的重要目标之一。随着我国现代化建设事业不断地深入推进,资源环境问题对社会经济发展的制约作用变得越来越明显。党的十七大报告首次把建设生态文明作为全面建设小康社会的奋斗目标。党的十八届三中全会把生态文明建设作为推进国家治理现代化的重要组成部分。党的十八大报告首次把生态文明建设纳入推进中国特色社会主义事业"五位一体"的总布局。[①] 在 2018 年全国生态环境保护大会上,习近平总书记说"总体上看,我国生态环境质量持续好转,出现了好的趋势,但成效并不稳固。"这一论断深刻指出了我国生态文明建设的严峻性、必要性和可行性,强调了加

① 孙文营:《生态文明建设在"五位一体"总布局中的地位和作用》,《山东社会科学》2013 年第 8 期。

强生态环境保护既是弥补生态短板的必然选择，也是遵循经济发展规律的内在要求。①

2. 生态文明建设是国家治理必不可少的重要内容。党的十八大以来，以习近平同志为核心的党中央，不断推进中国特色社会主义伟大事业，开创了党和国家事业的新局面，形成了习近平总书记系列重要讲话精神和治国理政新理念、新思想、新战略，续写了马克思主义中国化的新成果，为中国特色社会主义理论体系注入了新的时代精神和鲜活内容。新思想包括中国特色社会主义经济、政治、文化、生态文明建设和党的建设，在此基础上，形成了习近平生态文明思想，并成为新时代马克思主义中国化的思想武器。推进生态文明建设有利于减少社会生态事件、缓解社会矛盾、提高政府公信力，所以说生态文明建设是顺利推进国家治理现代化的前提和保障。

3. 生态文明建设是衡量国家治理现代化的标准。推进生态文明建设能够产生巨大的社会效益，国家治理现代化最重要的是实现公共利益最大化。纵观世界现代化的演变历史，在第一次现代化的过程中，人类创造出了巨大的生产力，但是也造成了影响至今的严重的生态危机。人类对第一次现代化进行了深刻的反思，在这一基础上，生态现代化便成了第二次现代化的重大特征。"我国生态文明建设正处于压力叠加、负重前行的关键期，已进入提供更多优质生态产品以满足人民日益增长的优美生态环境需要的攻坚期，也到了有条件有能力解决生态环境突出问题的窗口期。"② 所以推进国家治理现代化离不开生态文明建设，生态文明是国家治理的重要标志和特征。生态文明建设的成果直接影响我国社会主义现代化建设的成就，是衡量我国是否成为社会主义现代化强国的重要指标。

二、国家治理为生态文明建设指明了正确的方向

1. 生态文明建设是实现国家治理现代化的重要要求。党的十八届三中全

---

① 庄贵阳、薄凡:《厚植生态文明耕耘美丽中国》,《时事报告大学生版》2018 年第 1 期。

② 习近平:《坚决打好污染防治攻坚战,推动生态文明建设迈上新台阶》,新华社,2018 年 5 月 19 日。

会首次将生态文明建设提升到国家战略高度,以"推动形成人与自然和谐发展的现代化建设新格局"①。改革开放四十余年来,中国的经济高速发展并取得了举世瞩目的伟大成就。但是经济建设与生态环境之间的矛盾也日益突出,产生了环境污染、生态失衡、资源紧张等一系列严重的生态环境问题,这些问题严重地阻碍了我国的现代化建设。为推进国家治理现代化,我们必须大力推进生态文明建设,彻底解决生态问题。

2.国家治理现代化揭示了引发当代生态建设问题的重要因素。人口问题引发生态危机,我国的人口基数大会消耗更多的资源,也会造成过多的废弃物排放和破坏行为;现代工业的发展需要开发大量的资源;科学技术的不合理应用会放大其负面效应,进而成为环境破坏、生态危机的帮凶。"生态危机是由人的实践活动造成的,其实质是实践中自然的反人化。"②所以生态文明建设活动必须遵循人类社会的发展规律,实现人类与自然环境的和谐发展。

3.国家治理现代化为生态文明建设提供了新路径。国家治理现代化必须要与生态化相结合,要把生态文明建设融入社会现代化建设之中,习近平提出的五大新发展理念"创新、协调、绿色、开放、共享"中绿色就是要节约资源,保护环境,解决人与自然和谐发展的问题。要加快转变经济发展方式,实施创新驱动发展战略,全面促进资源节约和环境保护,增强可持续发展能力。必须"把生态文明建设放在突出地位,融入经济建设、政治建设、文化建设、社会建设各个方面和全过程"③。国家治理现代化不仅仅为生态文明建设指明了方向,更是推进生态文明建设的根本出路。所以,我们必须要注重国家治理的方案与政策,注重建设生态文明的具体要求与措施。全国各地生态环境经过长时期、大规模的治理,积累了丰富的管理与实践经验,培育了一批生态环境治理技术力量和人才队伍,基本具备了解决我国复杂生态环境问题的经济技术条件。④

---

①《中共中央关于全面深化改革若干重大问题的决定》,《人民日报》2013年11月16日。

②陶庭马:《生态危机根源论》,博士学位论文,苏州大学,2011,第81页。

③胡锦涛:《坚定不移沿着中国特色社会主义道路前进,为全面建成小康社会而奋斗》,《人民日报》2012年11月。

④庄贵阳、薄凡:《厚植生态文明耕耘美丽中国》,《时事报告大学生版》2018年第1期。

三、加强生态文明建设的原则、动力和措施

第一，新时代推进生态文明建设需要遵循的原则。习近平生态文明思想深刻揭示了经济发展和生态保护的关系，深化了对经济社会发展规律和自然生态规律的认识，为新时代坚定不移地走生产发展、生活富裕、生态良好的文明发展道路提供了重要依据。

1. 以"坚持人与自然和谐共生"为基本要求。2018年7月2日，贵州省梵净山被世界遗产大会列入世界自然遗产名录。梵净山能够申遗成功，与其优良的自然生态高度相关，良好的生态背后是人们对梵净山的保护。人与自然是相互作用的生命共同体，人类必须尊重自然、顺应自然、保护自然，与自然和谐共生。[①]改革开放以后，我国取得了卓越的经济发展成就，但同时对资源的过度开发、过度使用，也加剧了资源供需矛盾，自然环境不堪重负，生态环境成为国家发展的短板。因此我们必须要坚持人与自然和谐发展的原则，提倡节约、保护优先、自然恢复为主的保护方针。

2. 以"绿水青山就是金山银山"为发展要义。江西省婺源县全县森林覆盖率达82.5%，拥有各类自然保护小区193个，吸引了370多种野生鸟类在此栖息繁殖。良好的生态为婺源赢得了"中国最美乡村"的美誉，2017年旅游综合收入达到168.5亿元。婺源坚持"绿水青山就是金山银山"发展理念，尝到了发展生态经济的甜头。"绿水青山就是金山银山"的断论蕴含着深刻的历史辩证法。[②]其本质在于可持续的绿色发展，要满足人民对美好生活的向往。生态环境保护是功在当代、利在千秋的事业。我们要贯彻创新、协调、绿色、开放、共享的发展理念，加快形成节约资源和保护环境的生活方式和产业结构，给自然生态留下休养生息的时间和空间。[③]

3. 以"良好生态环境是最普惠的民生福祉"为重要精神。改善环境已成为确保人类健康发展的迫切任务。2016年5月，第二届联合国环境大会发布报告显示，全球1/4的死亡人数与环境污染有关，每年因环境恶化而过早死亡的

---

①②③ 庄贵阳、薄凡：《厚植生态文明耕耘美丽中国》，《时事报告大学生版》2018年第1期。

人数比意外死亡的人数还要高两百多倍。环境就是民生，青山就是美丽，蓝天也是幸福。我们必须坚持生态利民、生态为民，重点解决损害群众健康的突出环境问题。我们要加快构筑遵从自然、绿色发展的生态体系，让资源节约、环境友好成为主流的生产生活方式，使青山常在、绿水长流，让人类拥有一个良好的生态环境，为子孙后代留下可持续发展的"绿色银行"。①

4. 以"统筹山水林田湖草沙系统治理"为治理之道。生态是一个整体的系统，要从整体角度寻求生态环境治理路径，统筹兼顾、多措并举，全方位、全地域、全过程开展生态文明建设，提升生态建设整体性、全局性格局。

5. 以"最严格制度、最严密法治保护生态环境"为法治保障。生态保护过程存在诸多问题，如体制不健全、制度不严格、法治不严密、执行不到位、惩处不得力。要在地方上落实，筑生态法治之基，行生态法治之力，积生态法治之势，促进生态法规更加成熟化、严密化。

6. 以"共谋全球生态文明建设"彰显中国在国际社会中积极建设的形象。生态文明建设关乎人类未来，建设绿色家园既是各国人民的共同梦想，也是构建人类命运共同体的重要内容。我国主动承担国际责任，已批准加入 50 多项与生态环境有关的多边公约和议定书，在推动全球气候谈判、促进新气候协议达成等方面发挥着积极的建设性作用。我国采取有力行动推动节能减排，成为对全球臭氧层保护贡献最大的国家。我国积极倡导的"构建人类命运共同体""绿水青山就是金山银山"等理念，不仅为自身迈向未来的新文明之路指明了方向，同时也为化解世界环境危机提供了创新性示范。中国生态文明建设的行动和成效、中国保护生态环境的努力获得国际社会的高度认可，并且被授予了许多奖项。②

第二，推动生态文明建设的强大动力。在 2018 年全国生态环境保护大会上，习近平总书记明确提出了新时代我国生态文明建设的新体系、新目标、新任务，为建设美丽中国增添了强大动力。

1. 生态文明建设新体系。推进生态文明建设首先重在构建生态文明体系。生态文化体系是其灵魂，要将构建生态文化体系融入社会主义核心价值观建

---

①② 庄贵阳、薄凡：《厚植生态文明耕耘美丽中国》，《时事报告大学生版》2018 年第 1 期。

设之中,引导人们树立绿色、环保、节约的意识,大力倡导绿色消费,使低碳环保理念深入人心,真正发挥生态文化的作用。生态经济体系是其物质基础,生态环境保护的成败取决于经济结构和经济发展方式,要建立合理的、适合全球发展方向的生态经济体系。生态文明制度体系是其保障,要依靠最严格的制度、最严密的法治来保护生态环境,将生态文明建设融入经济社会发展的全过程。生态文明建设新体系为建设美丽中国提供了力量支撑。

2.生态文明建设新目标。党的十九大报告明确指出,"为把我国建设成富强民主文明和谐美丽的社会主义现代化强国而奋斗"。社会主义现代化奋斗目标从"富强民主文明和谐"进一步拓展为"富强民主文明和谐美丽"。将任务划分为三个阶段,一步一步地去实现,治理生态环境,创造一个绿色中国。

3.生态文明建设新任务。全面推动绿色发展,绿色发展是彻底解决中国污染问题的根本原则。深化生态文明体制改革,完善生态环境监管体制。提高环境治理水平,综合运用政府机制和市场机制,积极引导人们建设文明、和谐、美丽的家园。

第三,推动生态文明建设的具体措施。生态文明建设不只是某个主体的任务,更是全国人民的责任。国家、政府、企业、个人都要积极履行自己的义务,为生态文明建设尽自己的一份力量,一起建设美丽中国。

1.国家要完善相关的法规制度。完善的法律体系是建设生态文明的有力保障。党的十八届三中全会决议中强调了要通过建立系统完整的生态文明制度体系来推进生态文明建设。尽管我国已经形成了比较完善的法律法规体系,但是依然存在着一些生态文明建设的问题。所以我们要结合生态文明建设的实际要求,构建符合生态文明建设要求的法律体系和制度,制定环境保护法,用法规制度来保护生态环境。还要大力发展环保科学技术,科学技术在一定程度上可以改善人与自然的关系,用先进的科学技术开发利用太阳能、地热能等新能源,给人们带来健康的生活。

2.政府要高度重视,加大投入力度。山西是我国重要的能源基地,生态脆弱,水土流失严重,生态问题制约了当地的经济社会发展,近几年,当地的政府重视林业,投入大量资金用于造林绿化,成效十分显著。因此,各地政府应该提高重视度,加大对生态文明建设的投入,发展循环经济。确保资源的高效利用,提高资源的利用率。健全相关监督机制，加大考核力度。加强政风建设，坚决杜绝一切隐瞒不报的现象，完善工作制度，建立严格的考核体系。政府部门的各级环境组织要多开展环保活动，采取多种形式宣传生态文明的重要性和必要性。

3. 企业要做好产业的转型升级，优化产业结构，大力发展低碳经济产业、节能减排产业。合理排放废气、废水、废渣，处理好生活垃圾、生产垃圾，做到资源的循环利用。要遵守职业道德，爱护生态环境，大力投资生态文明建设，研发先进技术，做到低能低耗。

4. 公民要积极参与生态文明的建设，多植树造林，爱护环境，适度消费，杜绝铺张浪费，处理好生活垃圾。树立生态观念，提升生态意识，重视生态教育，从小养成尊重自然、保护自然的良好习惯，节约一张纸、一度电、一滴水、一粒米，少开私家车，多步行，减少或杜绝一次性筷子的使用，使用环保购物袋，生态消费，认真履行职责，承担生态治理的责任，努力实现生态文明。

第三节　国家治理体系下要解决的生态问题

生态文明建设是国家治理的重要内容，而国家治理体系和治理能力现代化，反过来为生态文明建设开启了全新的可能性。[①]

生态治理是我国从古至今都很重视的一个问题。古代为促进农业经济的发展，修建了一系列的水利设施，如都江堰、郑国渠等，也有为抵抗外来侵略而修建的秦长城、明长城，还有阿房宫、京杭大运河等超大型工程。这些设施对生态都产生了有利和不利的影响。晚清时期，人口数量急剧增加导致了对土地的需求增大，人们不断开垦土地，森林植被不断减少，生态环境遭到了巨大的破坏。第二次世界大战中日本在中国开采资源，进一步破坏了中国的生态环境。由于当时中国的国情，政府没有能力进行有效的治理。新中国成立以来，为了改变一穷二白的农业大国局面，开始大力发展工业，如大力开采资源、乱砍滥伐树木以及大力引进西方工厂等，导致我国生态环境危机加剧。目前，我国生

---

① 曹荣湘主编《生态治理》，中央编译出版社，2015，第 1 页。

态方面存在着以下问题急需治理。

第一，为促进经济增长对资源过度利用，导致资源严重匮乏。我国是一个人口大国，但是我国的资源却远远不够现有人口的用度。我国的大多数矿产都不能够满足我们的消耗。据有关资料统计，我国创造1万美元价值所消耗的原料，是日本的7倍，美国的近6倍，印度的3倍。目前我国仍有61%的城市没有污水处理厂，不足20%的城市生活生产垃圾能够按环保的方式处理，三分之一的土地遭遇过酸雨的袭击，七大河流中一半以上的水资源完全不可用，四分之一的中国人没有纯净的饮用水，三分之一的城市人口不得不呼吸被污染的空气。据中科院测算，目前由环境污染和生态破坏造成的损失已占GDP总值的15%，超过了9%的经济增长。我们面临着残酷的社会现实。人口包袱沉重、自然资源不足、生态系统破坏、环境质量下降，宣告着环境危机正在越来越严重地制约着经济发展，成为吞噬经济成果的恶魔。[①]可怕的数字告诉我们，物质财富的增长不能与环境污染同步增长，更不应在能源使用上竭泽而渔，消费模式的改变也不应以破坏生态文明为结果。

第二，各区域生态文明理念的树立存在差异。因为条件、基础不同，在发达地区，生态文明理念正进入自信和自觉阶段，环境保护成为社会共识。而在一些欠发达的中西部地区，生态文明理念仍然处于灌输和自发阶段。西北由于是少数民族聚居区，而且游牧民族居多，不合理的放牧致使天然牧场减少，有的天然草场甚至不再生长，导致我国西北地区的水土流失、荒漠化程度加剧。再加上西北季风的影响，我国北方地区面临着严重的风沙灾害。而西南地区由于处于亚热带季风区，夏季降水多且集中，一些森林受到破坏的地区水土流失十分严重，当地居民还面临着滑坡、泥石流的危险。在环境共治方面，一些地方公众参与程度仍然较低，参与模式单一。

第三，生态文明建设能力发展不均衡。一些地区产业结构偏重、能源结构偏重、产业分布偏乱、环境资源承载能力下降，需要予以长效地解决。在一些中西部地区，经济和技术发展落后，环境保护基础设施建设滞后，环境污染治理和生态修复的历史欠债多，生态文明建设的内生动力不足，难以适应产业转型

---

① 刘拓知：《浅议生态文明建设》，《中国市场》2012年12月30日。

升级和布局优化的要求。一些地区传统的粗放式发展方式没有根本改变，绿色发展能力差，仍然在发展黑色经济，并接受发达地区污染型产业的转移。

第四，环境保护和经济发展的协调能力有待提升。环境保护既不能违背环境保护规律也不能违背经济发展规律，但是一些地方环境保护行动缺乏区域和领域的灵活性，对历史遗留问题和现实能力考虑不足，一些地方出现执法"一刀切"的现象。

第五，环境保护责任追究仍需加强。一些地方"捂盖子"的现象比较普遍，环境问题存在敷衍整改、表面整改、虚假整改的现象，平时不用力，接受督察后"一刀切"的问题较多，责任追究难以落实。

第六，生态文明建设系统性和协调性不足。一些地方改革文件没有考虑基层实际情况和各地财政承受能力的差异，缺乏可实施性。由于视角与方法的不同，各部门下发的改革文件，尺度、标准、方法与目标也不同。

党的十八大提出"建设生态文明，是关系人民福祉、关乎民族未来的长远大计。面对资源约束趋紧、环境污染严重、生态系统退化的严峻形势，必须树立尊重自然、顺应自然、保护自然的生态文明理念，并把生态文明建设放在突出地位，融入经济建设、政治建设、文化建设、社会建设各方面和全过程，努力建设美丽中国，实现中华民族永续发展"。这也标志着我们党建设现代化国家的思路正在转变，提醒着我们要按照新时代的要求全面推进经济、政治、文化、社会等方面的工作，也就是按照社会发展的规律和自然规律来治理国家，治理我们方方面面的工作。这是我党在探索建设"美丽中国"道路上通过长期深入思考，不断追求进步与创新的优秀成果。

加强生态文明建设，对于我们建设社会主义现代化国家，实现我国经济社会可持续发展和中华民族伟大复兴具有极其重要的意义和作用。

第一，建设生态文明是人类文明发展和社会进步的必然要求。原始社会的物质生产能力低下，人类的生产活动很有限，远远没有超出自然环境的容量，与生态环境也保持着原始共生的关系。农业文明时代也仍然保持着自然界的相对生态平衡。这一时期人类活动是以对自然的顺从为主要特征的。工业文明时代，人类以自然为征服对象，取得了前所未有的辉煌成就，但对自然资源的掠夺和对环境的破坏也导致了前所未有的生态危机。要消除工业文明所带来的弊端,人类就必须建设超越工业文明的新的生态文明,以实现人与自然的和谐共生。

第二,建设生态文明是改善生态环境的迫切需要。工业化发展给人类带来了丰富的物质财富,满足了人们全方位的生活需求,但也给生态环境造成了巨大的破坏。治理工业化发展对生态环境造成的污染和破坏,已经到了刻不容缓的地步了,改善生态环境已经成为世界各国的共识。改革开放以来,我国在经济、政治、文化、社会等各个领域的建设都取得了举世瞩目的辉煌成就。在生态环境方面,政府大力推进污染防治、节能减排和生态保护工作。但是我国生态环境总体恶化的趋势并没有得到根本性扭转,环境保护的总体形势依然很严峻,环保压力逐年增大。环境污染范围不断扩大、污染程度不断加重、污染风险不断加剧、污染危害不断加大。自然灾害频发,荒漠化严重,资源能源短缺,空气、水体污染等生态问题已严重威胁到国家生态安全和人民的身心健康。因此我们必须按照党的十八大和十九大报告所提出的精神、部署和要求办事,大力推进生态文明建设,创造一个青山绿水的良好生态环境,把中国真正建设成美丽的中国。

第三,建设生态文明是经济社会可持续发展的保障。我国人口多、耕地少、资源相对不足,而且又处在现代化、城市化的重要转型时期。在这样的国情和背景下,实现经济社会永续发展的生态环境形势相当严峻。

要统筹山水林田湖草沙系统治理。我国是一个人均资源占有量较少的国家。土地资源有限,土地沙漠化和水土大量流失非常严重。据专家预测,按现在水土流失的速度,50 年后东北黑土区将有 1400 万亩耕地的黑土层流失掉,35 年后西南岩溶区石漠化面积将翻一番,到那个时候,西南地区将会有近 1 亿人口失去赖以生存和发展的土地资源。①

我国的土地污染非常严重。每年由工业"三废"(废水、废气、废渣)的污染而引发的粮食减产达 1000 万吨以上。污水灌溉导致全国 11 个省共计 1.3 万公顷土地受到重金属的影响。不合理的开发和利用土地,导致可耕地面积大量减少。随着城镇化进程的加快,大量耕地被占用,成为工业用地、基础建设用

---

① 李新挪:《建设生态文明的重要性及其意义》,《祖国》2013 年第 21 期。

地、商业用地。根据国土资源部公布的资料显示:1996 年至 2008 年的 12 年间,我国的耕地面积由 19.51 亿亩减少到 18.25 亿亩。耕地面积的减少,将会影响到我国的粮食安全,这是我们应该高度关注的一个重大问题。[①]

森林是我国陆地生态系统的主体,又是我国经济社会发展的基因库、碳储库、蓄水库和能源库,对维持生态平衡起着至关重要的作用。它不仅能够提供给人类生产和生活所需要的物资资源,而且在生态环境方面也发挥着巨大作用。比如:森林资源能够较好地应对气候变化,森林又是良好的吸尘器和消音器,森林还可以涵养水源,保持水土、防洪减灾。森林资源的保护与合理利用,既可以促进经济发展,又能减少环境污染。但遗憾的是我国人均森林面积太少了,不到世界人均拥有量的四分之一,如果我们再不加以保护,这也将会成为制约我国经济社会发展的一个重要因素。[②]

草地是人类生存和发展的基本生态资源。它具有调节气候、涵养水分、防风固沙、保持水土、改良土壤、培肥地力、净化空气、美化环境、喂养牲畜等功能,是我国经济社会可持续发展的重要生态资源。我国虽然是草原大国,但是由于受政策等多种因素的影响,把草地当作宜农荒地开垦的现象时有发生。自20 世纪 50 年代以来,经过四次大开垦,再加上过度放牧,草地沙化,我国的草地面积已减少了很多,造成了严重的生态危机。

造成我国生态和能源危机的因素又是复杂多样的,其中包括粗放的经济增长方式、以煤为主的能源结构和工业结构、巨大的人口规模和不健康的消费方式、经济全球化、快速的城镇化以及对待自然的价值观等诸多经济社会文化因素,而这些因素和问题在短期内又是难以改变和解决的。如果不加强生态文明建设,转变经济发展方式,那么,我国的经济社会就很难实现永续发展。[③]

面对资源约束趋紧、环境污染严重、生态系统退化的严峻形势,必须树立尊重自然、顺应自然、保护自然的生态文明理念,把生态文明建设放在突出地位,融入经济建设、政治建设、文化建设、社会建设各方面和全过程,努力建设美丽中国,实现中华民族永续发展。坚持节约资源和保护环境的基本国策,坚持节约优先、保护优先、自然恢复为主的方针,着力推进绿色发展、循环发展、

---

①②③ 李新娜:《建设生态文明的重要性及其意义》,《祖国》2013 年第 21 期。

低碳发展,形成节约资源和保护环境的空间格局、产业结构、生产方式、生活方式,从源头上扭转生态环境恶化趋势,为人民创造良好生产生活环境,为全球生态安全作出贡献。[①]党的十八大以来,国家大力强调加强生态文明建设,建设美丽中国。习近平总书记说过,绿水青山就是金山银山。所以我们要不断加强生态文明的意识。

党的十九大提出了建设美丽中国的口号,这是党和政府治理社会的大事,生态文明建设是中国转型发展的大势所趋,是一个漫长的过程。生态文明建设与国家治理现代化密不可分,生态治理是国家治理体系和治理能力现代化的重要内容。随着经济全球化的发展,国际产业重组,中国面临巨大的环保时代挑战。习近平总书记说:"生态环境是关系党的使命宗旨的重大政治问题,也是关系民生的重大社会问题。"要想实现生态的可持续发展,就是要转变观念,由征服自然变为尊重自然,由向自然索取变为爱护自然,与自然和谐相处。实现了生态文明建设的可持续发展,就能促进国家治理现代化的发展,从而建设秀美山川,建设美丽中国。

---

① 胡锦涛:《十八大报告》,2012 年 11 月。

第四章　监管机制

党的十九大报告提出,设立国有自然资源资产管理和自然生态监管机构,完善生态环境管理制度,统一行使全民所有自然资源资产所有者职责,统一行使所有国土空间用途管制和生态保护修复职责,统一行使监管城乡各类污染排放和行政执法职责。国务院发展研究中心资源与环境政策研究所副所长李佐军说,山水林田湖草沙是一个完整的生态系统,但现有的多头监管,影响保护目标的实现。在全方位、全地域、全过程开展生态文明建设中,顶层设计有利于整合机构职能,形成监管合力。

第一节　生态文明监管体制是绿色发展的基础性工程

绿色发展是时代潮流。它是一种以效率、和谐、可持续为特征的经济增长和社会发展的方式。从内涵来看,绿色发展是在传统发展基础上的一种模式创新,是建立在生态环境容量和资源承载力的约束条件下,将环境保护作为实现可持续发展重要支柱的一种新型发展模式。具体来说包括以下四个方面:一是将生态环境资源作为社会经济发展的内在要素;二是强调经济增长数量,更强调质量;三是强调以人为本,把实现经济、社会和环境的可持续发展作为发展目标;四是把经济活动过程和结果的"绿色化""生态化"作为绿色发展的主要内容和途径。[1]

绿色发展是一种发展方式,上升到文明形态就是生态文明。党的十八大以来,以习近平同志为核心的党中央高度重视绿色发展和生态文明建设,并且特

---

[1] 周斌:《2022冬奥背景下京北地区绿色发展战略研究初探》,《中国环境管理》2018第6期。

别注重包括生态环境监管体制在内的生态文明体制改革，并致力于把生态文明建设纳入制度化、法制化轨道。"改革生态环境体制"属于"四梁八柱"的范畴，在绿色发展这一系统工程中起着基础性的保障作用。没有健全、高效的生态环境监管体制，绿色发展的生产、生活方式就会既缺乏激励机制又缺乏约束机制，其效果就会大打折扣，其进程就会严重迟滞。通过生态文明体制的进步与发展改革，"推进供给侧结构性改革，加快推动绿色、循环、低碳发展，形成节约资源、环境保护的生产生活方式"①，满足人民群众日益增长的美好生活需要和日益增长的优美生态环境需要，早日建成富强民主文明和谐美丽的社会主义现代化强国。

第二节　生态文明监管体制的发展

生态文明的概念自提出以来就受到极大的重视，并在各个会议中不断被提出。党的十九大对改革生态环境监管体制做了明确的部署：加强对生态文明建设的总体设计和组织领导，设立国有自然资源管理和自然生态监管机构，完善生态环境管理制度，统一行使全民所有资源资产所有者职责，统一行使所有国土空间用途管制和生态保护修复职责，统一行使监管城乡各类污染排放和行政执法职责。②根据这一部署，十三届全国人大一次会议表决通过国务院机构改革方案，分别组建自然资源部和生态环境部。这一制度安排，着眼于生态环境监管的系统性和综合性，有效地克服了以往的"九龙治水"、多头监管的问题，避免出现"谁都在管，谁都不担责"的监管真空。③比如近年来，日喀则市在绿色发展理念的指导下，大力实施"生态珠峰"战略，在生态文明建设方面取得了一定的成效，但与党中央的要求相比，与全市各族人民的期盼相比还存在一些差距和问题。如职责落实不到位，环境保护工作分工机制尚不健全；个别单

---

① ② 习近平：《决胜全面建成小康社会　夺取新时代中国特色社会主义伟大胜利——在中国共产党第十九次全国代表大会上的报告》，人民出版社，2017。

③《青山绿水共为邻——如何建设美丽中国》，《人民日报》2018 年 3 月 1 日。

位片面追求经济效益,忽视环境保护;基础设施建设滞后,城镇垃圾处理能力不强,大部分城镇尚未建成生活垃圾无害化处理设施,污水处理设施配套较为落后,污水处理率和收集率较低,医废处置能力有待提升,广大农牧区环境基础设施还比较薄弱;监管能力弱,监管制度不健全,监管手段单一,无法持续形成环境保护执法的高压形态。要解决以上这些问题就要制定完备的生态文明监管体制。要以改善环境质量为核心,以健全的环境监管为手段,采取有力的环境监管措施,打造"天蓝、地绿、水清、气净"的生态珠峰名片,切实筑牢生态环境安全防线,这样才能建立起完善的生态文明管理机制。

党的十八届三中全会以来,加快深化生态环境保护管理体制改革、建立与生态文明建设要求相适应的生态文明保护管理机制已经成为实现国家环境治理现代化、建设生态文明的迫切要求,为我国生态环境保护管理体制改革指明了方向。①党的十八届三中全会提出:"建设生态文明,必须建立系统完整的生态文明制度体系,用制度保护生态环境。要健全自然资源资产产权制度和用途管制制度,划定生态保护红线,实行资源有偿使用制度和生态补偿制度,改革生态环境保护管理体制。"生态文明管理监管体制已成为一个热点问题,目前对生态文明监管体制有了不少研究。有学者认为我国快速的城镇化建设对生态环境带来了一些问题②,但也有学者认为城镇化建设有利于解决农村生态退化、乡镇企业污染问题③。许多学者针对目前我国生态环境保护存在的问题提出诸多建议。何隆德认为可以借鉴澳大利亚把生态环境保护纳入国家战略、建立全民参与的环境保护机制、坚持依法依规治理环境、实现城市建设和管理的生态化、强调尊重自然规律等成功方法;谢枝丽、宋长英则提出环保管理的关键是要强化政府的参与和干预;马源春、高广阔认为改革我国生态环境保护管理体制要在构建生态环保预测机制、经济惩罚机制、综合评价应用机制以及

---

① 范东君:《我国生态环境保护管理体制存在问题、原因及应对之策》,《湖南工程学院学报(社会科学版)》2017 年第 2 期。

② 张永亮、俞海:《中国生态环境管理体制改革思路与方向:国际社会的观察与建议》,《中国环境管理》2015 年第 1 期。

③ 胡海兰、安和平:《贵州民族地区人口城镇化建设和生态保护研究》,《长春理工大学学报》2015 年第 3 期。

"无悔"的环保政策等方面作出努力。也有学者基于洞庭湖生态经济区视角提出通过行政体制改革推进生态环保管理。不难看出,学者们从生态环保管理存在的问题、制度建设、政府职能等角度进行了较为深入的分析,这些成果极大地丰富了我国生态环境保护管理问题的研究。[1]

第三节　生态文明监管体制现状

虽然我国在生态文明监管体制建设方面取得了一些成绩，但这与党的十八届三中全会以来确定的环保管理新常态的目标还有很大的差距，深入推进我国环保监管机制的建设仍然面临着各种各样的问题。我国生态文明监管现状主要为以下几个方面。

一、价值激励严重不足

地方政府及其官员作为理性经济人,有着自身利益最大化的经济追求,同时作出最大努力。长期以来。由于我国"重发展、轻环保",对经济发展所带来的问题投入偏少,一些生态主体功能区为生态环境保护作出巨大的经济牺牲,其生态收益与经济发展损失不相匹配,以至于地方政府对环保管理的价值激励严重不足。2015 年,中央政府对省内国家级和省级重点生态公益林补偿标准为每亩 17 元,而湖南省江华县生态公益林的补助才每亩每年 15 元,这个标准低于公益林的管理成本(约每亩每年 35 元)。[2]

二、环境执法能力不足

一是环保管理职能分散。环保职能分散在环保、土地、农牧、矿产、林业、水利、交通、国土、农业管理、海洋、港务和渔政等近 40 个部门,执法主体林立、权责分散、效率低下。二是环保机构不健全。例如,截止到 2017 年,湖南省设有乡

---

①② 范东君:《我国生态环境保护管理体制存在问题、原因及应对之策》,《湖南工程学院学报(社会科学版)》2017 年第 2 期。

镇级环保机构 842 个，但大部分无法正常运转，大部分乡镇政府仍没有环保管理机构，缺少专职环保人员。三是环保经费短缺。由于排污费的足额征收很难到位，基层环境监管部门的业务资金大大减少，且难保证办案资金来源。一些县市政府财政困难，无法满足环保机构的业务经费需求，用于环境监管的经费更是寥寥无几，许多环保局依靠大量征收污染费解决办公费用。四是环保执法人员不足。由于环保工作强度高、困难重、工资低使得就业人员偏少。以河北环保系统为例，按照国家环境监察、监测标准化建设要求，北部省份省级环境监察人员应达到 50 人、环境监测人员应达到 100 人，而到 2016 年底，河北省环境监察总队与应急中心合署办公在岗才 30 人，目前执法人数少、任务重、执法难，极大影响了监测、监管工作的正常运行。[①]

三、公众环保监管缺位

一是公众无法获取准确环保信息。政府、企业对环保信息的公开率不高，公众难以获取真实有效的环保管理信息。二是公众缺少合法参与环境保护的途径。目前，我国还没有出台关于环保参与的条例或者其他形式的法律法规，致使公众参与环保监管，缺乏规范化与制度化。一旦遇到具体的环境问题，公众不知道用何种方式参与，更难把握采取什么样的参与方式更合理、最合法，致使公众在环境监督中被边缘化。三是社会组织难以发挥作用。环保社会组织没有完全独立，资金来源对政府有依赖，在表达意见的过程中没有独立的话语权，对政府环保权利的制约大打折扣。[②]

四、环保监督机制虚化

上级生态环境保护和地方政府生态环境保护部门之间主要是行政业务指导关系，部门的财政权也由地方政府掌控，为地方对污染企业实行"挂牌保护"提供了土壤，导致地方保护主义成为环保监督的"拦路虎"。公众参与环保缺乏有效机制协调，致使公众无法有效参与到环境保护监管中来。[③]

---

①②③ 范东君：《我国生态环境保护管理体制存在问题、原因及应对之策》，《湖南工程学院学报（社会科学版）》2017 年第 2 期。

五、公众参与积极性缺乏

一般认为，环境保护的公众参与机制指政府和各个利益群体参加到环境保护活动中以期达到环境效益的社会机制，着眼于通过公众参与程序与途径的构建使公众权益能在环保过程中得到保障，并影响环境决策、执行与监管。但由于公众的积极性不高，参与环境保护的活动少，无法提出有效意见和监督，使得生态文明监管问题得不到有效的发挥。

六、公众环保意识差，素质低

很多人认为环保是国家的事与自己无关，形成了一种"事不关己高高挂起"的观念。不爱惜环境，乱丢垃圾、乱踩草坪、爱用一次性用品等行为比较常见。

七、法律制度不完善

解决社会问题必须要依靠法治，只有法治才能把理念转化为实践。生态文明监管不仅要树立保护环境和监管环保制度的理念，更需要的是实实在在的实践活动，而理念与实践活动转化的催化剂就是法治。[①]

八、生态文明立法滞后，立法供给不足

相关法律可操作性不够，过于死板，缺乏配套的法规、规章和实施的细则。

九、立法技术上不够合理

生态司法保护功能发挥不足使得生态保护领域司法与行政功能错位、公法与私法错位。公民生态环保法制观念较淡薄，环境守法的社会基础薄弱。

第四节　政策指引与激励

党的十八大报告中谈到要将生态文明建设融入经济建设、政治建设、文化

---

① 顾钰明：《论生态文明制度建设》，《福建论坛（人文社会科学版）》2013 年第 6 期。

建设、社会建设各方面和全过程，进而形成"五位一体"总体布局，并于 2015 年印发了《生态文明体制改革总体方案》来加快推进生态文明建设。在《生态文明体制改革总体方案》中，中共中央将总体方案分为 10 个部分、56 条来加强推进生态文明建设。具体有：总体要求、产权制度、管理制度、规划体系、节约资源、生态补偿、环境治理、环境保护、责任追究、组织保障。

一、树立理念

　　总体要求中有一板块为六个理念。其中大家最熟悉的"绿水青山就是金山银山"，就是六个理念中的一个，而这句"绿水青山就是金山银山"是由习近平总书记提出的。早在 1985 年，习近平在担任河北正定县委书记期间，主持制定了《正定县经济、技术、社会发展总体规划》，强调："保护环境，消除污染，治理开发利用资源，保持生态平衡，是现代化建设的重要任务，也是人民生产、生活的迫切要求。"并特别强调："宁肯不要钱，也不要污染，严格防止污染搬家、污染下乡。"①生态文明建设不止能让我们的生活环境、生活质量变好，也可以为我们的子孙后代留下天蓝、地绿、水清的美好家园。在习近平之后的主政区县里，他相继提出了其他的顺应自然生态环境的发展思路。例如：开发利用宜农、宜林、宜渔的新资源；鼓励开创"绿色工程"等措施，针对不同问题提出不同的解决方案。可见习近平总书记一直十分重视生态文明建设，并且一直也在引导群众重视生态文明建设和加入生态文明建设。另外五个理念分别是：树立尊重自然、顺应自然、保护自然的理念；树立发展和保护相统一的理念；树立自然价值和自然资本的理念；树立空间均衡的理念；树立山水林田湖是一个生命共同体的理念。这些理念不只是说一说那么简单，因为环境污染、水土流失、资源浪费等问题不是一朝一夕形成的，也不是一朝一夕就能解决的，这些问题需要各级领导从实际出发，"摸着石头过河"进行探索，逐步建立形成效果显著的生态文明制度体系。例如 1998 年以前，吴起县还是一个穷山恶水的地方，是黄土高原地区水土流失最为严重的区县之一。1998 年吴起县的领导作出了"封山禁牧"的决定，而这个决定对于当时吴起县的人来说是不让种地、不让放羊、没有

---

① 习近平：《不要"要钱不要命"的发展》，《人民日报》2016 年 3 月 18 日。

收入的决定。民众吃什么？当时吴起县领导的思路是转变老百姓传统的农耕方式：通过集约种植，提高产量，解决吃饭问题；通过提倡退耕种草进行舍饲养羊，解决赚钱问题。当时有的养羊户偷偷在晚上散牧，被抓后有的被罚了两三百元。当时民众的钱不多，罚款让干部们很不忍心，但若不重罚，封山禁牧、退耕还林就不能持续进行。而正是由于禁牧、退耕，吴起县民众的劳动量减少了，摆脱了原来的"山里的地还要人种，出去打工干吗？"的想法，不少人选择学技能，外出打工。但仍然有不少人持怀疑态度，因此并不好好执行。当时吴起县有164 个行政村，政府故意留了 10 个行政村不搞退耕还林这一套，羊随便放，地随便种。结果，2000 年，国家兑现粮食时，10 个村的村民坐不住了。他们看到隔壁村的村民领了粮食，他们没有，眼红了，就主动要求也搞退耕还林。截至2012 年底，吴起县成为全国退得最早、还得最快、面积最大、群众得实惠最多的县份。

二、健全完善相关制度

立足于我国长期处于社会主义初级阶段这个事实上，既要看到生态环境形势的严峻性，也要以发展的思路来解决资源环境问题。但是由于普通公民生长环境、社会经历、社会角色的不同，政治心理明显会存在差异。这使制度的实施存在一定的困难，要真正实施这些制度，政府的工作依然"任重而道远"。在资源节约部分中有两个"最严格"：完善最严格的耕地保护制度和土地节约集约利用制度；完善最严格的水资源管理制度。耕地是农民的一大经济来源体，政府在保障农民利益的同时，也应该通过规定制度来引导农民参与生态环境建设。这样既能保障农民利益，也能保障生态环境建设。而"最严格"三个字也清楚地表明了二者之间没有模糊的界限，该怎样就怎样，不仅避免了一系列钻空子的行为，也保护了大家的权利。水是公民日常生活中不可缺少的重要角色。在"最严格"三个字面前，运用价格和税收手段，能够有效地建立起一个各方用水都合理的管理制度，也能够保护和修复环境。而控制水产养殖，构建水生动植物保护机制也可以达到空间均衡的目的。除开两个"最严格"制度，还有建立能源消费总量管理和节约制度、建立天然林保护制度、建立草原保护制度、建立湿地保护制度、建立沙化土地封禁保护制度、健全海洋资源开发保护制度、健全矿产资源开发利用管理制度、完善资源循环利用制度。这些制度虽然没有"最严格"的标签，但是真正行动起来也是不容易的。例如，草地退化现象严重、草地生产力下降而荒漠化等，不利于畜牧业的发展，不利于生态文明建设。所谓的草地退化并不是人们所想的那么简单。我国草地退化面积占总草地面积约56.5%。其中轻度退化53.8%，中度退化32.6%，重度退化13.6%。造成草地退化的原因也很简单：放牧成本低，收益大，收益时间长。在这个基础上，过度放牧就会使环境超出生态系统的调节能力。一经破坏，则很难修复。同理，湿地、天然林、海洋等环境的保护原理也都有这一部分的内容。保护会导致一些人的收益减少，如果不建立好合理的制度，则会出现各种偷猎偷伐的现象，即使没有"最严格"的标签，这些制度的建立也是不容小觑的。即使完善了各种制度，实行起来也需要政府的引导。制度一出来，就会影响不少人的利益，而政府此时就需要引导这些人去认识、去了解到这些制度的意义，从而达到制度出台的目的，进而达到保障国家生态安全、改善环境质量、提高资源利用效率、形成人与自然和谐发展的目的。

三、有偿使用与税费征收

生态补偿中有"有偿使用制度"和"税费改革"两部分。改革开放以来，我国自然资源资产有偿使用制度逐步建立和完善，在促进自然资源保护和合理利用、维护所有者权益方面发挥了积极作用，但还存在社会发展和生态文明建设之间有矛盾的问题。而这些问题也是大众容易发现的。例如，受经济利益的诱惑，自然资源管理中"重开发、轻保护"、资源保护制度落实不到位，导致地域资源过度利用依然存在，使我国自然生态环境依然被严重破坏；我国全民所有自然资源资产权的归属者缺乏明确的法律规定，使不少人在其中"钻空子"，或使所有权人的权益得不到保障，从而不利于充分体现资源价值，且我国自然资源市场化配置比例偏低，市场配置资源的决定性作用尚未充分发挥；即使建立了一些相对完善的有偿使用制度，但只是一部分资源，如矿产、水、海域海岛等；最后则是相关部门的监管机制有所欠缺，一些领域仍然存在有法不依、执法不严、违法不究等现象。对此国务院发布了《国务院关于全民所有自然资源资产有偿使用制度改革的指导意见》（国发〔2016〕82号），提出了建立完善有偿使用制度的重点任务。在"税费改革"方面,我国环境保护制度虽然对遏制日益严重的环境污染起到了一定的作用,但总体效果并不理想。全国人大代表建议制定专门的环境税法,发挥环境税对减少环境污染、改善自然生态、提高资源利用率、实现社会和谐和国民经济持续发展的宏观调控作用。

征税的意义包括:(1)会加重那些污染、破坏环境的企业或产品的税收负担,通过成本与利益调节来规范纳税人的行为,促使其减轻或停止对环境的污染和破坏。(2)将税款作为部分宣传等方面的专项资金,用于支持环境保护,在其他有关税种的制度设计中对有利于保护环境和治理污染的生产经营行为或产品采取税收优惠措施,可以引导和激励纳税人保护环境、治理污染。

中国从2018年1月1日开始施行的《中华人民共和国环境保护税法》正是为了保护和改善环境,减少污染物排放,推进生态文明建设。在《中华人民共和国环境保护税法》中,不仅包括通过税收标准让纳税人知道环境污染的组成部分,使纳税人在生活中从自我开始注重这些污染源,从而影响周边的人,还包括让省、自治区、直辖市人民政府统筹考虑本地区环境承载能力、污染物排放现状,从而合理调整不同地区的纳税率来实现环境保护和经济持续发展。

四、治理与保护

环境治理和环境保护是在各个区域建立健全体制来达到生态环境建设的目的。例如自2013年9月《大气污染防治行动计划》发布实施到2017年为止,京津冀、长三角、珠三角等重点区域PM2.5平均浓度比2013年分别下降39.6%、34.3%、27.7%。并且京津冀、长三角、珠三角等重点区域都建立了大气污染防治协作机制,使环境法治保障有力,按日计罚、停产限产、查封扣押等执法手段更加丰富。[①]在农村地区,截至2015年底,中央财政累计安排农村环保专项资金、农村节能减排资金315亿元,支持全国7.8万个建制村开展环境综合整治,占全国建制村总数的13%。各地设立饮用水水源防护设施3800多公里,拆除饮用水水源地排污口3400多处;建成生活垃圾收集、转运、处理设施450

---

① 《国务院关于印发大气污染防治行动计划的通知》(国发〔2013〕37号),2013年9月10日。

多万个(辆),生活污水处理设施 24.8 万套,畜禽养殖污染治理设施 14 万套,生活垃圾、生活污水和畜禽粪便年处理量分别达 2770 万吨、7 亿吨和 3040 多万吨,化学需氧量和氨氮年减排量分别达 95 万吨和 7 万吨。整治后的村庄环境"脏乱差"问题得到有效解决,环境面貌焕然一新。同时,出台了一系列农村环保政策和技术文件,如《关于加强"以奖促治"农村环境基础设施运行管理的意见》《中央农村节能减排资金使用管理办法》《培育发展农业面源污染治理、农村污水垃圾处理市场主体方案》等。按照"渠道不乱、用途不变、统筹安排、形成合力"的原则,整合相关涉农资金,集中投向农村环境整治区域,提高村庄环境整治成效。① 其他建立的体系和推行的制度包含了生活领域的各个方面,如绿色金融、绿色产品、权利交易、环境治理、生态保护市场等。

五、责任问题

责任追究和组织保障在以上部分的基础上将《生态文明体制改革总体方案》变得更全面。例如责任追究中的编制自然资源资产负债表,可以反映各地区不同时期的资源情况,并且通过记录各地区的资源情况,可以有效地进行时间上的前后对比, 由此可以作为各地区生态文明建设成效事后评价的一份参考材料。编制自然资源资产负债表也可以为科学研究提供一份精确的数据,如当今环境的变化与人为或自然因素之间的联系,同时反映土地、水和森林资源等生态环境的基本信息,以及资源修复和利用情况。因为编制自然资源资产负债表是一项全新的工作,既要加强顶层设计,又要鼓励地方创新,所以国务院办公厅下发《编制自然资源资产负债表试点方案》,要求成立试点工作指导小组,指导小组下设置了办公室和专业核算小组,资源管理部门的有关技术人员参加了专业核算小组,从技术操作和数据质量控制方面指导编表工作。要加强与负责领导班子和领导干部政绩考核工作、领导干部自然资源资产离任审计试点工作部门的沟通协调,同步推进,形成工作合力。可见国家在生态文明建设的发展中,不仅想到了延续以前做得好的地方,完善更多的制度,建立各方面的体系,更是创建了新的管理模式,即使新的管理模式中的一种——编制林

---

① 《全国农村环境综合整治"十三五"规划》(环水体〔2017〕18 号),2017 年 2 月 23 日。

业自然资源资产负债表是一项开创性的工作，在实行的道路中必然会有不少的困难,但在试点工作的探索中,也必然会有新的收获。

六、民众参与生态文明保护与建设

我国目前绿色发展的步伐加快,淘汰落后的钢铁、水泥、平板玻璃、电解铝产能,装备环保产业技术,利用新能源、可再生能源,实现从"沙进人退"到"人进沙退"等来建设生态文明。一个经历过"沙进人退"和"人进沙退"的地方在2018年引起了一片轰动。在有着中国四大沙地之一称呼的毛乌素沙漠,人们与沙漠对抗了40年后,30%的沙漠覆盖上了植物,80%的沙漠得到了成功治理,5000万亩土地水土不再流失了,黄河年输沙量也因此减少了整整4亿吨!由于有良好的降水,许多沙地如今成了林地、草地和良田。谁能想到,毛乌素沙漠早在一两千年前也是一片绿洲,随着人类活动的破坏,毛乌素开始慢慢出现沙地,进而慢慢扩大成沙漠。这件事情激励着亿万的中国人,并且可以让更多的人关注生态。推动生态文明监管机制的发展任重道远,只有加大重视,完善法规,发展技术,创新实干,从多方面着手发展改革,才能切实有效地推动生态文明监管机制的更好发展。

第五章 市场机制

在经济迅速发展的今天，环境污染也日益严重，人们终于意识到仅仅依靠开发和推广应用环境污染治理技术是无法彻底解决环境问题的，如今只有在推动经济发展的同时加强对环境的保护才能够促进可持续发展。恩格斯说过，"我们不要过分地陶醉于我们人类对自然界的胜利。对于每一次这样的胜利，自然界都会对我们进行报复"①。如今越来越严重的环境污染不仅已经给生态系统造成了直接的破坏和影响，如土地的沙漠化越来越严重、森林面积不断地减少、物种不断地消失，同时也正在对生态系统和人类造成难以挽回的间接性影响，如温室效应只增不减、水污染、食品污染、雾霾横行、臭氧层遭到破坏等一系列问题层出不穷，使得人类的生活质量下降，整体健康程度下降。而造成这一切的又是谁呢，正是对自然界的胜利过于陶醉的人类自己。交通工具尾气对空气的污染、工厂排污化肥使用对水的污染、自私的捕捉对动物的伤害等这些不懂得持续发展的行为的必然结果便是遭受自然界深深地报复。所以自然环境是人类社会赖以生存发展的基础，保护环境就是保护人的生存和发展环境。

随着现代化建设不断深入展开，经济持续高速发展的同时，中国所面对的环境问题也越发严峻——资源约束趋紧、环境污染严重、生态系统退化，生态文明建设的任务因而显得越发紧迫。所谓生态文明，是指以人与自然、人与社会、人与人和谐共生、全面发展、持续繁荣为基本宗旨的文化伦理形态。选择生态文明的道路是人类历史发展的必然趋势，是不可逆转的时代潮流，已成为21世纪中国发展战略的必然选择。"生态文明建设"就是把可持续发展提升到绿色发展的高度，是中国特色社会主义事业的重要内容，关系人民福祉，关乎民

---

① 恩格斯：《自然辩证法》，于光远等译，人民出版社，1984，第87页。

族未来,事关"两个一百年"奋斗目标和中华民族伟大复兴中国梦的实现。①党中央、国务院高度重视生态文明建设,通过顶层设计,全面部署,进一步推动其进程的展开。党的十八大把生态文明建设纳入中国特色社会主义事业"五位一体"总体布局,首次把"美丽中国"作为生态文明建设的宏伟目标,并通过《中国共产党章程(修正案)》,将"中国共产党领导人民建设社会主义生态文明"写入党章,作为行动纲领。此后,提出加快建立系统完整的生态文明制度体系,用严格的法律制度保护生态环境,提出"五大新发展理念"。超越和扬弃了旧的发展方式和发展模式,生态文明、绿色发展也日益成为人们的共识,引领社会各界形成新的发展观、政绩观和新的生产生活方式。

经济增长与环境保护之间的矛盾是生态文明建设的首要矛盾。习近平总书记在全国生态环境保护大会上强调,"要自觉把经济社会发展同生态文明建设统筹起来""推动我国生态文明建设迈上新台阶"。首次提出,要加快构建生态文明体系,加快建立健全以生态价值观念为准则的生态文化体系,以产业生态化和生态产业化为主体的生态经济体系,以改善生态环境质量为核心的目标责任体系,以治理体系和治理能力现代化为保障的生态文明制度体系,以生态系统良性循环和环境风险有效防控为重点的生态安全体系,确保到2035年,生态环境质量实现根本好转,美丽中国目标基本实现。②建设生态文明是党的十七大提出的理论创新成果,是国家治国理念的一个新发展,是根据中国国情条件、顺应社会发展规律而作出的正确决策。它体现了党和政府对新世纪新阶段我国发展呈现的一系列阶段性特征的科学判断和对人类社会发展规律的深刻把握,是对人类文明发展理论的丰富和完善,是对人与自然和谐发展的深刻洞察,是实现我国全面建设小康社会宏伟目标的基本要求,也是对日益严峻的环境问题国际化主动承担大国责任的庄严承诺。即使实现这一目标的过程漫长而困难,但只要我们脚踏实地,一步一步踏实稳当,实现这一目标也是指日可待的。

如今绿色经济、循环经济已经成为新世纪的发展标志,用环保促进经济结

① 周生贤:《中国特色生态文明建设的理论创新与实践》,《求是》2012年第19期。

② 习近平:《推动我国生态文明建设迈上新台阶》,《求是》2019年第3期。

构调整成为经济发展的必然趋势。而我国现阶段的经济增长很大程度上是依靠高投入、高消耗、高排放来实现的，这不仅对经济持续增长造成了制约，也带来了严重的环境问题。所以我国必须要转变经济增长的方式，充分认识到经济增长必须建立在资源、环境承载能力的基础上，既要符合市场经济的规律，也要符合生态环境的规律，并制定各种资源能源节约政策、资源回收和综合利用的鼓励政策、排污收费政策等以促进人和自然和谐发展，构建资源节约型和环境友好型社会。

第一节　走新型工业化道路

一、新工业化的特性和原理

工业化道路是对实现工业化的原则、方式和机制的统称。其内容包括：（1）"产业的选择"，即重点产业和优先发展的产业、产业结构的类型及各种不同产业之间相互关系的确定和调整，比如发展的重点是轻工业、劳动密集型产业，还是重工业、资本或技术密集型产业；是牺牲农业去发展工业，还是工农业协调发展等。（2）"技术的选择"，即工业发展中技术类型的采用，也就是选择高新技术还是一般适用技术；是运用多使用劳动力的技术，还是多使用资本的技术。（3）"资本来源的选择"，即通过什么方式或渠道筹集工业发展的资本，是来源于农业剩余的转移、对外掠夺，还是工业自身的积累、引进国外资本等。（4）"发动方式的选择"，即工业化进程是靠民间发动，还是由政府推动。（5）"发展方式的选择"，即工业发展是依靠粗放型的增长方式、资源的消耗、环境的污染，还是采用集约型的增长方式、节约资源、保护环境。（6）"实现机制的选择"，即工业化的任务是通过市场机制的作用去实现，还是由计划机制的作用来完成。（7）"城市化模式的选择"，即伴随工业化发展的是适度城市化、滞后城市化，还是过度城市化。（8）"国际经济联系的选择"，即工业化过程中是实行对外开放、发展外向型经济，还是闭关锁国、发展内向型经济。

世界各国工业化发展的历史表明，工业化道路不是唯一的，也不是一成不变的,会随着经济社会条件的变化而变化。不同的社会发展阶段因不同的经济社会制度、历史文化传统、资源禀赋、自然条件、比较优势,工业化道路也会不相同。西方发达国家在农业经济时代后期所走上的传统工业化道路,已经不适应工业经济时代的要求;传统计划经济条件下的工业化道路,在人类社会向知识经济或信息经济时代迈进的新的历史条件下,更是行不通的。因此,后发国家必须不断探索新的工业化道路。

二、为什么要走新型工业化道路

历史的经验教训告诉我们, 传统的工业模式使社会生产力获得了巨大的发展,但却是以资源的过度消耗和生态环境的破坏为代价的。然而,我国在很长一段时间内走的基本上都是传统的工业化道路, 工业和整个经济的增长所依靠的主要是物质和人力资源的高投入, 造成了农业和农村经济的落后以及生态环境的恶化。而发达国家所采用的机械化、自动化道路会导致严重的失业问题。所以我国必须走一条符合时代发展特点、符合自然规律和我国国情的新型工业化发展道路。

按照时代发展的趋势来说,科技革命突飞猛进,高新技术特别是信息技术广泛运用,经济全球化深入发展,世界范围内经济贸易发展和资金技术流动加快,各国经济和市场进一步相互开放,国际竞争更为激烈。所以新型工业化实际上也是我国为适应世界经济发展的新趋势,与时俱进,始终站在时代前列的必然选择。

三、如何走新型工业化道路

加快产业的结构升级。优先发展信息产业,积极发展高新技术产业,坚持用高新技术和先进适用技术改造提升传统专业。加快发展服务业特别是现代服务业,形成以高新技术产业为先导、基础产业和制造业为支撑、服务业全面发展的产业格局。在推进产业结构优化升级过程中,处理好高新技术产业与发展传统产业的关系, 处理好发展资金技术密集型产业和发展劳动密集型产业的关系。

推动可持续发展战略。合理开发和利用各种自然资源,整个社会都要持之以恒地加强生态保护和建设，强化环境污染治理，发展环保产业，推行清洁生产，健全环境、气象、防灾减灾检测体系，完善法制建设，增强全民环保意识。总的来说，就是要改变工业化的老思路，充实工业化的新内涵，提高工业化的水平和质量，使负面的外部效应最小化，做到生态破坏小、环境污染少，以实现可持续发展。

第二节　树立绿色消费观念

一、绿色消费观念是什么

绿色消费观，就是倡导消费者在与自然协调发展的基础上，从事科学合理的生活消费，提倡健康适度的消费心理，弘扬高尚的消费道德及行为规范，并通过改变消费方式来引导生产模式发生重大变革，进而调整产业经济结构，促进生态产业发展的消费理念。它包括倡导消费者在消费时选择未被污染或有助于公众健康的绿色产品；在消费过程中注重对垃圾的处置，不造成环境污染；引导消费者转变消费观念，崇尚自然、追求健康，在追求生活舒适的同时，注重环保、节约资源和能源，实现可持续消费。[①]树立良好的绿色消费观标志着一个社会走向文明，一个国家走向繁荣。

二、我国倡导绿色消费观现状

绿色消费观是架在人与自然、人与环境之间的桥梁，是促进人与自然环境和谐发展的枢纽。环境意识日益深入人心，人们的生活质量也在不断提高，绿色消费观念已深入更多人的生活。据调查，目前全世界每年绿色消费总量已达2500亿美元，未来10年，国际绿色贸易将以12%—15%的速度增长。47%的欧洲人更喜欢购买绿色食品，其中67%的荷兰人、80%的德国人在购买时会考虑

---

① 李珂：《绿色消费观——人类消费的新理念》，《第二届中国（海南）生态文化论坛论文集》，海南，2005，第234—237页。

环保因素。此外,我国53.8%的人乐意消费绿色产品,37.9%的人表示已经购买过诸如绿色食品、绿色服装、绿色建材、绿色家电等在内的绿色产品。①

发展绿色消费是建设资源节约型和环境友好型社会的重要内容,也是建设两型社会的重要条件。

一方面,发展绿色消费可以从一定程度上保护环境,使环境得到友好的照顾。社会公民可以从生活中做起,不乱扔垃圾、不污染环境,政府、高层人员等可以从身边、从法律法规着手制定相关规定,工厂可以从节约资源、不乱排乱放做起。绿色消费是一项使社会中的每一个人都能参与进来和付出自己的一份力的活动,也是我们每一个公民都应该履行的责任。只有正确的消费观念和消费行为才能引导人们走向正确的道路,才能让国家强大,构建一个文明社会。另一方面,发展绿色消费有利于综合利用自然资源,提高资源利用率,解决目前我国面临的人口、资源、环境的大问题,实现人与自然的和谐相处。

与西方发达国家相比,我国绿色消费的发展起步晚,但发展速度比较快。随着绿色消费观念深入人心,人们深刻意识到环境保护的重要性,各个地区已积极推动绿色消费,我国居民绿色消费发展情况良好,倾向于消费绿色产品、节能节水产品、健康环保产品、循环再生产品、有机产品等。地球是人类赖以生存的家园,不仅仅是我们要依靠地球,我们的子孙后代也需要在这片土地上成长,绿色消费使得我们应该懂得保护环境,但是目前,我国仍有部分企业和个人并没有践行绿色消费,仍在环境问题上不自觉,搞破坏,为人们的生存环境增加风险。绿色消费不仅仅是责任问题,也体现了社会中每一位公民的道德素养。

三、如何将绿色消费观深入人心

促进绿色消费,培养人自身的绿色消费观念。现如今,汽车成了主要出行工具,但传统燃料释放的二氧化碳等氧化物导致了温室效应加剧。在当下,新能源汽车能有效解决这方面的环境问题,政府实施政策鼓励大家购买新能源汽车。研发新能源如氢能、太阳能等,能使国家走在时代的前沿。绿色浪潮已经

---

① 中国社会调查事务所:《2018关于绿色消费观念调查报告》,2018。

席卷世界,各国科学家正在寻找更绿色的出行工具,绿色消费无疑是一种引领世界走向巅峰的绝佳方法。

去商场、超市购物的时候多为环保考虑。出门购物自带环保购物袋,减少使用塑料袋,防止塑料不被分解导致环境出现问题;尽量不购买一次性产品、塑料制品,尽量使用可循环使用的物品;尽量使用可充电的电池,常规的电池含有镉和汞,乱扔乱放会对环境造成污染,使土壤变质,可充电电池寿命长,比较环保安全;平时家庭用灯,尽量选 LED(发光二极管)节能灯,这种灯的寿命是白炽灯的 10 倍以上;可买二手的或者翻新的物品,用二手的书可以保护树木。还有很多种方法可以帮助减少环境污染。只要每一个人都出一点力,环境问题也就会缓解很多,资源也就不那么匮乏了。

第三节 加强绿色创新科技

一、绿色创新科技的具体含义

绿色创新体系包含创新主体、创新环境、创新资源、创新基础设施等要素,是一个自上而下、全社会共同参与的层次体系。创新是引领发展的动力,任何一个国家都需要有创新,否则难以发展,而绿色创新科技也是推进生态文明建设的重点。当下,我国已进入经济发展新常态,新常态下经济发展应该是相对稳定和持续的,要维持经济发展就要走绿色创新科技的路。科技是第一生产力,创新是第一动力。党的十八大以来,党中央把创新列为五大发展理念之首,对于科技创新高度重视。只有科技创新,才会给中国绿色发展带来更多的可能,中国也必须依赖绿色科技创新发展。绿色科技创新应突破传统科技的内涵,不再单纯以经济增长为唯一目标,而是紧紧围绕可持续发展的思想,充分考虑科技创新所能带来的经济效益、社会效益、生态效益。绿色科技创新必须通过建立有效的指标体系才能得到恰当的反映。[1]

---

[1] 许冰峰:《绿色科技创新评价指标体系与方法研究》,《闽江学院学报》2005 年第 5 期。

二、我国制定的关于绿色科技创新的方针

党的十九大报告指出,实行最严格的生态环境保护制度,形成绿色发展方式和生活方式。绿色发展是发展方式的根本性转变,是发展质量和效益的突破性提升。推动绿色发展,要抓住科技创新这个关键,建立绿色发展科技支撑体系,依靠市场化技术实现绿色转型,运用核心关键技术推进绿色化变革,通过信息智能技术大幅提高绿色发展质量和效益,为绿色发展提供科学依据和技术支撑。[①]

构建市场导向的绿色技术创新体系,形成系统集成的绿色技术支撑体系,打造引领产业发展的绿色核心技术体系。绿色技术有利于节约资源和促进环保,要在兼顾经济效益的基础上,推广高效节能技术,运用绿色技术改造传统产业。绿色技术创新能促进绿色消费观的良性循环,增强企业绿色技术创新的积极性、主动性、创造性,既要追赶世界尖端领域的绿色发展技术,更要立足当前国内市场需求,在生产技术、循环再利用技术、新能源开发、科技人才培养等方面加大投入力度,建立以企业为主体、市场为导向、产学研深度融合的技术创新体系。要围绕绿色发展加大绿色技术装备的研发力度,打造引领产业发展的绿色核心技术体系,为可持续发展提供动力,明确现阶段技术攻关的重点难点问题,选择新能源、新材料、高端装备制造、新能源汽车等产业集中力量攻关,力争尽快攻克一批具有全局性和带动性的重大关键技术。大力促进新能源产业化,以绿色装备制造为核心,加强绿色制造领域关键核心技术的研发,把高新技术渗透到各专业、各领域,加快科技成果转化,为节能降耗减排和绿色发展提供动力。加强绿色技术知识产权保护,提高企业开展绿色技术和商业模式创新的积极性。[②]

三、我国关于绿色科技创新现状

"十三五"规划明确指出,截至 2020 年,"我国国家综合创新能力世界排名

---

① 习近平:《十九大报告》,2017 年 10 月。

② 陈庆修:《推动绿色发展要抓住科技创新这个关键》,《经济日报》2018 年 7 月 26 日。

要从目前的第 18 位提升到第 15 位""科技进步贡献率从目前的 55.3%提高到 60%""研发投入强度从目前的 2.1%提高到 2.5%"。近年来,我国高度重视绿色科技研发创新,绿色技术专利申请量、授权量快速增长。但是制约绿色技术创新的体制机制障碍也随之凸显。例如,专利保障机制尚不完善、创新管理部门和政策的协同机制尚未形成、绿色技术的公共投入规模相对有限、政府绿色采购制度体系还不健全、市场化激励手段不足、绿色技术创新推广动力缺乏等。要解决这些问题,需要创新体制机制,更好构建、完善我国绿色技术创新体系。

四、如何加强绿色创新科技

21 世纪经济全球化明显加快, 国与国之间创新技术竞争越来越激烈,市场竞争已经由简单的生产资料和劳动力的竞争, 转化为以科技生产力为根本的竞争。中国的经济增长方式已转变为以绿色科技创新为根本的集约型经济增长方式。绿色科技创新是企业提高市场竞争力,提高企业经济效益、综合竞争实力的根本出路。因此,新时代企业要想生存发展,维系在所属行业中的地位,必须加强绿色科技创新,转变经济增长方式,拓宽经营思路,努力提升企业综合竞争实力。不仅仅是企业,国家也要努力加强绿色科技创新,才能走得更长久,发展得更好。经济、技术与环境三者是密不可分的重要发展条件,值得引起每一个人的重视。

地球对人类来说是赖以生存的家园,只有贯彻坚持生态兴则文明兴、坚持人与自然和谐共处、绿水青山就是金山银山等理念才能使人类社会取得更长远的发展。经济发展固然重要,但环境保护问题必然不可松懈。环境保护与经济发展政策需要共同实施,人与环境都是整个生态系统的成员,我们需要携手才能共创美好未来。

第六章　创新模式

生态文明建设创新分为生态文明建设理论创新、生态文明建设制度创新、生态文明建设途径创新。党的十八大报告提出加快生态文明建设,并将中国特色社会主义事业总体布局从"四位一体"上升到"五位一体",进一步拓展了中国特色社会主义事业的发展领域和范围,丰富了科学发展观的深刻内涵,标志着党对经济社会可持续发展规律、自然资源永续利用规律和生态环保规律的认识进入了新境界,实现了中国特色社会主义的重大理论创新。生态文明建设进一步拓展了中国特色社会主义事业的发展领域和范围, 是中国传统文化的新发展,是人类文明学说的新突破,是科学发展观的新运用,是人与自然关系的新表达。生态文明建设制度创新需要大家共同努力完成,实现绿色发展,要以生态文明制度体系为支撑和保障。近年来,自然资源资产产权制度、生态环境损害赔偿制度、国家环保督察制度等生态文明"四梁八柱"性制度陆续出台,有效遏制了生态环境破坏行为, 有力推动了发展方式的转变和美丽中国的建设。同时也应该看到,建设生态文明既是攻坚战,也是持久战。将绿色发展理念贯彻落实到经济社会发展的各方面,需要进一步完善生态文明制度体系,严格落实生态环境保护制度,发挥制度鼓励绿色发展、倡导绿色生活的作用,为实现人与自然和谐共生的现代化提供有力保障。[1]生态文明建设途径创新是"着力推进绿色发展、循环发展、低碳发展"。走绿色发展、循环发展、低碳发展之路,是转变发展方式的重要着力点,也是经济发展潜在的增长点、未来竞争的制高点。

---

[1] 王宪才:《推动法治化,地方有作为》,《中国生态文明》2019 年第 1 期。

第一节 战略创新——双创模式

大众创业、万众创新作为国务院出台的一系列政策措施,实施以来取得了积极的成效,培育了经济新动能、提高了社会活跃度、增强了群众获得感。通过深入分析发现,双创有效优化了市场制度要素的组合,加快了科技成果的转化,促进了经济结构调整和增长方式转变,催化了新生产力快速成长;在双创中,政府大力简政放权,转变职能,减少了对企业不必要的干预,降低了市场制度性交易成本,改善了生产关系;双创扩大了公民参与国家事务的积极性,激活了公共服务的"末梢神经",提升了社会服务能力;双创在培育经济新动能、提高社会活跃度、增强群众获得感等方面都发挥了积极作用,成了引领科学发展、加快创新型国家建设、实现国家治理体系和治理能力现代化的重大制度创新。

一、双创通过创新经济制度解放和发展生产力

社会主义初级阶段的根本任务是进一步解放和发展生产力。[1]双创通过有效优化市场制度要素的组合,创新经济制度,促进经济结构调整和增长方式转变,催化新生产力快速成长,有效地释放了国家经济活力。双创还能全面优化生产力宏观体系结构。党的十八届三中全会将"实现国家治理体系和治理能力现代化"确立为全面深化改革的总目标。生产力是国家治理的基础,发展生产力是治理现代化追求的根本目标。习近平总书记提出,"共同构建更符合世界生产力的全球治理体系",为治理体系创新指明了方向。

中国的生产力是全球生产力的重要组成部分,毫无疑问,我国实现治理现代化必须符合解放和发展生产力的需要,这也是各项改革的根本任务。生产力是由具有劳动能力的人、资本、技术相结合而形成的改造自然的能力。人是构

---

① 本书编写组：《毛泽东思想和中国特色社会主义理论体系概论》，高等教育出版社，2015，第 120 页。

成生产力的基本单位。从制度层面看,关于人的制度成为生产力中的供给侧。双创首先抓住了"人"这个生产力当中最活跃的因素,打破了阻碍人的聪明才智、活力充分展现出来的旧制度,初步建构了任何人都可以改变命运机会的新制度,形成了解放生产力的制度性变革。其次,双创抓住了"资本"这一关键要素,以互联网金融管理制度、科技金融管理制度、众筹制度等为代表的制度创新,降低了资金使用成本,拉近了资本与价值的距离。①

再次,双创抓住了"技术"这一核心要素,放手让科技人员向创业人才转型,在全社会形成创业热潮,发挥创新示范效应,激励不同人群选择不同的方式实现自身的比较优势,将长期积累的科研成果加速向市场需求转化,使一切"可能的生产力并入生产过程,转变为现实的生产力"。

最后,双创把"人、资本、技术"紧紧联系在一起,形成互相促进、良性循环的态势。从 2013 年开始,我国新注册市场主体实现 5 年连增,2017 年上半年达到 887 万户,平均每天新设 4.9 万户,每天新注册的市场主体数比 2012 年全年的数量还要翻一番。加之互联网、文化创意等领域新业态不断产生,体育、直播、视频等消费热点频现,服务业在国民经济中的比重快速上升,2013 年服务业增加值占比首次超过第二产业成为第一大产业,2015 年服务业增加值占比又首次超过 50%,2016 年占比达到 51.6%。人的活力增强,对技术进步提出了新要求,资本随之跟进配置,获得收益后人的积极性更高,创新能力就更强,这样一来,劳动、资金和科技在推动经济增长中形成了闭环,生产力的发展就有了结构性动能。双创推动中国经济转型和生产力快速发展,培育新的增长点和提高发展质量,发挥的巨大作用正在持续显现。②

双创有力增强了生产力微观体系活力。科学技术是第一生产力。通过双创,大大加快了我国科技进步的节奏。在新一轮工业革命过程中,市场发生了巨大变化,个性化需求呈倍数或几何级增长,这就需要生产力微观制度体系创新,使得生产经营者具有灵活的管理模式和组织方式。中小企业船小好调头,可以发挥适应性强的优势,率先增强企业在微观经济中的创新驱动功能。在双

---

①② 高小平、刘洪岩:《双创:国家治理现代化的重大制度创新》,《理论与改革》2017 年第 6 期。

创中这种优势得到放大，催生了大量的中小微企业，它们在活跃市场的同时，形成了竞争格局中的"鲶鱼效应"，带来了整个市场的创新创业动力，也形成对大型企业的传导压力。一大批中小企业的快速发展，带动了大型企业的创新，以海尔、富士康、航天科工、大连冰山等为代表的大企业在激烈的市场竞争中将双创引入企业内部，通过建立创业云、创新平台等，鼓励员工利用企业资源进行创新，发掘市场上的个性化需求，将需求的定制化与生产的标准化结合起来。万众创新形成了企业创新的基础，企业利用内部创新提升了创业能力；通过开放内部创新创业平台，企业充分利用市场上的双创资源，形成了大小企业在双创中的内外互动。新经济模式使央企与中小微企业不再是简单的上下游配套关系，而是优势互补、相互服务、利益共享的产业生态关系，大、中、小、微各类企业在市场中的竞争与合作极大地增强了微观经济发展动力。据世界知识产权组织最新发布的《2017 年全球创新指数报告》显示，中国在国际上的创新指数排名为第 22 位，在前三年连续提升的基础上，比 2016 年又提升了 3 位，比 2012 年提升了 12 位，在中等收入经济体中排名第一，也是中等收入国家中唯一一个排名在提升、与发达国家的距离在缩短的国家。双创已成为覆盖第一、二、三产业和各类企业的全域式创新型制度体系，其强大的生命力正在生产力领域全方位展现。[1]

二、双创通过政府职能转变创新生产关系

当前，我国进入了中国特色社会主义新时代，社会主要矛盾已经转化为人民日益增长的美好生活需要和不平衡不充分的发展之间的矛盾。[2]适时调整不适应生产力发展要求的生产关系，是解决社会主要矛盾的基本方法。党的十八届三中全会提出发挥市场在配置经济资源中的决定性作用和更好发挥政府作用，是适应新时期生产关系领域变革要求所作出的积极调整和重大创新。双创通过转变政府职能，有效地提高了政府调控市场、市场引导企业的能力。正

---

① 高小平、刘洪岩：《双创：国家治理现代化的重大制度创新》，《理论与改革》2017 年第 6 期。

② 习近平：《十九大报告》，2017 年 10 月。

如李克强总理指出的,"大众创业、万众创新,从政府角度,要砍掉既得的利益,降低市场准入的门槛,同时要用更多精力来进行事中事后监管,这对政府转变职能是一个重大考验"①。

"放管服"改革有效推动了双创政策落实。在国家治理体系中,政府、市场、社会这三个要素如何定位,它们之间的边界如何划分,是一个关键性问题,其中的核心点可以凝聚为政府职能。作为全面深化改革特别是供给侧结构性改革的重要内容,多维度、全方位、复合型推进简政放权、放管结合、优化服务改革,是政府在行政改革方法论上的一大创新。其突出的特征是三管齐下,按照放得彻底、管得到位、服务得好的要求,综合配套、统筹兼顾、协同推进改革。在"放"的方面,李克强总理在 2013 年新一届国务院成立伊始的记者会上承诺的国务院部门取消下放行政审批事项削减三分之一的任务提前两年完成。截至 2017 年 9 月底,国务院部门的行政审批事项从 2013 年初的 1700 项减少到 632 项。国务院部门设置的职业资格许可和认定事项,削减比例达到70%以上。多数省份行政审批事项减少 50%左右,有的省份达到 70%。全国减少各类"你妈是你妈"的"奇葩证明""循环证明"800 余项。非行政许可审批全部取消,法外审批成为历史。在"管"的方面,不断加强事中事后监管。国务院出台了公平竞争审查制度,建立投资项目在线审批监管平台,建立国家企业信用信息公示系统和守信联合激励、失信联合惩戒机制,并开展大督查,推进"双随机、一公开"监管和综合执法改革,运用大数据技术实施在线动态监管,使得"线上""线下"政府监管得到落实。在"服"的方面,按照普惠性、保基本、均等化、可持续的方向,加快完善基本公共服务体系,进一步提高公共服务供给效率。推进综合政务大厅建设,在"两集中、两到位"的基础上,实行对企业和群众办事的"一口受理"、全程服务。大力推行"互联网 + 政务服务",推进实体政务大厅向网上办事大厅延伸,打造政务服务"一张网",简化服务流程,创新服务方式。通过"壮士断腕"式的强力改革,转变职能取得重大进展,切断了政府对企业不必要的干预,降低了市场的制度性交易成本,有效调整和理顺了政府与企业、政府与

---

① 高小平、刘洪岩:《双创:国家治理现代化的重大制度创新》,《理论与改革》2017 年第 6 期。

社会的关系,促进了社会主义市场经济制度的完善,推动了国家治理方式的创新。据世界银行发布的《全球 2017 年营商环境报告》显示,近 3 年我国营商便利度在全球排名跃升了 18 位,其中开办企业便利度上升了 31 位。①"放管服"改革已取得阶段性重要成果, 继续深化集成式改革必将推动市场环境更加优化,政府职能制度体系早日完善和定型。

双创推动了政府履职方式的转变。双创释放出市场的活力,既是政府改革的结果,又成为深化政府改革的起点。一方面,双创催生了创业创新大潮,大幅度增加了政府的工作量,不简政放权、转变工作方式便无以为继;另一方面,双创中出现的新产业、新市场、新业态,对原有的政府部门管理模式、传统的履职方式形成了严峻的挑战,使得政府不改变以"审批、认证、发证"为主的管理方式便无以为继。在双创的推动下,政府引入企业创新精神,进行了一场深刻的"自我革命"。商事制度改革中推出的"多证合一,一照一码,证照分离",打破了政府各个部门之间的隔阂,重构了部门工作机制,再造了行政流程。推进政府信息公开和数据开放制度建设、第三方评估和政府绩效管理制度建设、行政问责制度建设,全面推行"双随机、一公开"监管,建立随机抽查事项清单、检查对象名录库和执法检查人员名录库,制定随机抽查工作细则,完善了"一单、两库、一细则"制度。加强信用监管、智能监管,运用大数据、云计算、物联网等信息技术,建立无死角一体化的管理体系,建设企业信用信息"全国一张网",市场主体诚信档案、行业黑名单制度、市场退出机制和激励惩戒机制,有效提高了行政能力。改革市场监管执法体制,推进市县两级市场监管领域综合行政执法体系建设,建立跨部门、跨区域执法联动响应和协作机制,实现违法线索互联、监管标准互通、处理结果互认,执法力量向一线倾斜,有助于消除政府管理的盲点,降低行政执法成本,提高执法效力。实施差别化管理,对"互联网 +"和分享经济等新模式,建立审慎研究机制,量身定制监管方式,推动新经济健康发展。促进为市场服务的社会中介组织健康发展,改变"二政府"形象,发挥第三方服务的特有优势,以独立性、专业性、技术性方式与政府开展契约式合作,

---

① 高小平、刘洪岩:《双创:国家治理现代化的重大制度创新》,《理论与改革》2017 年第 6 期。

服务市场主体。政府通过在工作量上做加法和在放权让利上做减法,获取双重推动力,换来行政模式的创新,这方面的经验还有待进一步总结和提炼,以形成中国特色的政府创新路径。①

三、双创通过提升服务能力创新公共治理制度

现代治理的本质是服务,即各个治理主体的相互服务。治理现代化的重要特征是治理主体多元、治理依据多样、治理方式动态、治理环境开放。在众多治理主体的相互服务中,政府发挥着主导作用,只有整合公共行政服务与公众协同服务两个方面,才能产生有效的、良好的公共治理。双创将行政系统外部的治理压力转换为政府内部的创新动力,政府公共治理能力特别是公共服务能力得到提升,一方面政府充分挖掘各种管理工具的潜力,提高服务水平,另一方面要把管理工具交给社会,重视网络社会中组织之间的平等对话与合作共治,共同推进服务型政党建设、服务型政府建设和服务型社会建设。②

双创倒逼政府公共治理行为创新。公共治理行为创新是加强政府自身制度创新和公务员队伍建设、改善运行机制的具体表现,也是公共行政制度转型发展的必然结果。在这一转型过程中,双创发挥了积极的推动作用。双创对政府治理行为改革的作用主要体现在三个方面:一是培养新的行为体验和习惯,将服务性从"外置式"转化为"内嵌式"。以往公共行政讲服务,往往是政治动员、制度约束和体制规范使然,属于一种外在的要求。实施双创后,随着市场和社会点燃创新热情,行政体系被带动起来,开始真切地接受外部愉悦的感染,进而进入了心理体验的过程,从内心为"刀刃向内"的改革创新点赞。二是重新审视行政行为,纠正"为官不为",探索"创新作为"。检视实施双创政策以来的政府行为不难发现,在放大市场和社会功能的实践中,不可避免地压缩了行政的空间,出现了改革动力不足的问题,致使政府大力支持的创业创新行为在逐步走向社会、走入企业的同时,却被部分止于政府大门之外。严格地说,这种"为官不为"其实是一种"选择性不作为",是在传统管理行为不能适应新形势

---

①② 高小平、刘洪岩:《双创:国家治理现代化的重大制度创新》,《理论与改革》2017 年第 6 期。

需要的情况下出现的消极行为，是在面对各种市场创新形式感到无所适从后产生的畏惧心理、采取的老旧做法。实施双创后，政府加强了干部考核和绩效管理，完善评价机制，把"严管"和"厚爱"结合起来，建立激励与约束并重的机制，鼓励创新与容错纠错统一的机制，筑起了以作为给机会的行政价值平台，涌现出一批敢于担当、踏实做事、不谋私利的干部，有效治理了行政不作为现象。三是推动创新编制管理，让需要增强的政府职能有人去做。编制是中国特色的执政资源，是行政管理的重要工具。近几年来，我国各级政府严防死守，坚决控制行政编制的总量，使得政府在实施双创、不断增加经济社会管理和公共服务工作量的情况下，没有增加编制，编制总额没有突破，保障了改革成果的正当性、合法性和合理性。如果行政改革的成功是建立在编制总量突破的基础上的话，那么其成果就会被稀释、冲淡甚至抵消。本届政府强调绝不能突破总量，通过创新编制管理，优化存量，调剂余缺，解决急需加强职能的人员短缺问题，对于降低行政成本、提高工作效能，具有很强的现实意义。事实上，在双创中政府一直在探索"行为方式创新"，通过激发政府内生的创新活力，换取更好地服务双创、适应现代治理的公共治理行为。各地在开展向社会公开权责清单的同时，将清单管理机制引入内部，制定机关权力和责任管理制度，明确各部门、各岗位的绩效任务，划定行为底线，加强监督，压力下传，倒逼创新，就是很好的例证。一个以制度创新导向建立起来的公共治理行为体系，必将奠定服务型政府的行动逻辑，为政府更好地服务民众提供有效、有为、有力的支撑。①

　　双创强化了公务员服务能力和公共精神培训。在双创这项新制度面前，公务员比较普遍地暴露出"能力不足""本领恐慌"等问题，尤其是在传统的"部门行政"条件下形成的"行政本位""官本位"思想与国家治理现代化的要求格格不入。这些年来，党和政府加大了对公务员公共服务能力培训的力度，突出表现在两个方面：一是重点将公共精神的启发式灌输与现代化管理知识教育相结合，将政策落实与基层公务员能力提升统一起来，使思想武装寓于技能培训之中，将双创作为一种为人民服务的意识形态引入公务员队伍建设的领域。二

---

① 高小平、刘洪岩：《双创：国家治理现代化的重大制度创新》，《理论与改革》2017年第6期。

是以大数据、互联网＋、云视频、微传播等新技术手段创新培训方式,精确定位和刻画公务员的需求,提高培训的针对性、有效性和适用性。公务员理论和思想水平的提高,必将促进行政能力的增强和行为方式的转变,与双创政策落实相对接,就成为创新公共治理制度的人力资源。①

四、双创通过促进社会和谐创新社会治理制度

从党的十六届四中全会首次提出"社会建设""社会管理体制创新""构建社会主义和谐社会",到十八届五中全会提出"构建全民共建共享的社会治理格局",体现了我们党对经济建设、政治建设与社会建设关系的新认识、新探索、新成果。"社会治理"这一创新理念,是在对社会系统进行重构,实现管理者与被管理者、控制者与被控制者并存发展、双向互动、多方参与、共建共享的基础上建立起来的,是由多元主体按照共同的社会规范来协调社会关系、解决社会问题的持续互动性过程。②

双创推动了社会领域的治理结构改善,有助于化解社会矛盾,维护公平正义,建设和谐社会。双创提高了社会成员的参与度。从制度设计角度看,我国的政治体制和行政体制为社会的每一个阶层、每一个成员提供了参与国家事务管理的法定权利,但是要转化为具体的管理权利还需要实际参与才能实现,这就要有一系列制度加以保障。从政策过程角度看,政策问题建构主体在科学化、合理性的追求中拥有了更大的建构权,常常导致主客体之间的对立,甚至以社会冲突对抗的形式出现,为了解决这一问题,公众参与的理念和做法被引入政策问题建构之中,公众的参与使得主客体的分界变得模糊了,精英与公众都成了政策建构的行动者。③

双创通过搭建大众施展聪明才智的舞台,点燃了人们内心潜在的动机和

---

① 高小平、刘洪岩:《双创:国家治理现代化的重大制度创新》,《理论与改革》2017年第6期。

② 杨建军、闫仕杰:《共享发展理念视域下社会治理精细化:支撑、比照与推进》,《理论与改革》2016年第5期。

③ 张康之、向玉琼:《走向合作的政策问题建构》,《武汉大学学报》2016年第4期。

激情,为公民参与国家事务增添了很多现实可行的有利条件。比如,返乡务工人员、新型农民在双创政策支持下开辟了农产品销售、乡村旅游等网络,带动了农民增收;蓝领工人利用企业内部双创平台,发挥技术优势,实现创业梦想,分享了创新成果;创新创业者的大量涌现并取得成功,改变了低收入者的命运,扩大了中等收入阶层的数量,留住了一批高收入者在国内工作;双创开辟了社会成员的多种收入渠道,提高了个人价值,促进了社会成员之间的流动,扭转了阶层固化的趋势。政府推动双创制度的常态化发展,将使人的自由性在创新创业中得到越来越多的展现,进一步形成公平正义的社会治理格局、良好的社会秩序和制度环境。①

双创激活社会"末梢神经"。末梢神经是把外部刺激传递到中枢神经,又把中枢神经的指令传递到身体各个器官的前沿神经,是大脑管理各部分组织的最重要、最基础的系统。社会建设在我国各方面的发展中是一块短板,虽然政府逐年增加财力物力方面的投入,但依然存在较大的缺口,尤其是公共服务领域中与群众息息相关的看病、上学、养老、交通等"末端需求"难以满足,双创为激活社会"末梢神经"提供了解决方案。在双创中发展起来或由双创放大了效应的凡人创业、科技创新成果正扑面而来,日益成为人们生活工作的好帮手。借助互联网的远程诊疗系统,使边远地区能够同步享受优质医疗资源;通过智能手环实时监控老年人身体指标,可有效防控突发性疾病,降低死亡率;共享单车解决了城市交通的"最后一公里"问题,回归到节能减排的健康出行;互联网支付手段使得生活更加便捷了,促进了捐助方式的改变,凡人善举、乐捐善助逐渐成为社会风尚。双创促进社会服务末端的供给,不仅弥补了政府公共服务的不足,形成政府服务与社会服务的互动、互补、互利,更重要的是触发了社会治理制度的创新,建立起政府密切联系群众的机制和社会自我服务、相互服务的制度。②

习近平总书记在党的十九大报告中全面提出了推进国家治理体系和治理能力现代化的重要思想、基本方略和宏伟目标,这是新时代中国特色社会主义

---

①② 高小平、刘洪岩:《双创:国家治理现代化的重大制度创新》,《理论与改革》2017 年第 6 期。

思想体系、基本方略的重要组成部分,实现国家治理体系和治理能力现代化也是中国共产党确立的第二个百年奋斗目标的重要组成部分。随着国家治理和政府治理现代化进程的加快,大众创业、万众创新作为一项宏大的系统工程将继续深入推进,政策体系、制度体系、管理体系、文化体系将不断完善,政策执行的力度、制度配套的程度、政府服务的深度、社会参与的广度都将持续提高,双创的明天会更美好。①

第二节　制度创新

随着社会的快速发展,生态环境状况逐渐趋向恶化。国家的经济实力虽然不断增强,但同时也使人与自然的关系变得更加僵硬,人与自然的矛盾也更加突出。因此,重视生态文明建设自然成了时代的必然要求。

党的十八大以来,我国不断强调社会的可持续发展。其中最重要的一点就是环境的可持续性,提出加强生态文明建设,做到人与自然和谐共处。制度进步是文明建设水平提高的重要标志之一。在生态文明建设中,制度建设具有本源的意义,是根本性保障。要推进生态文明建设,首先要明确生态文明制度。创新是引领发展的第一动力。生态文明建设是一个复杂的系统工程。只有通过制度创新来统领生态文明建设,才能充分激活主体活力,才能跳出寠臼破解难题。②生态文明建设正处于探索期,我国从多方面入手,进行试点实验,并将生态文明建设的制度创新作为生态文明建设的重中之重。习近平总书记强调,面对目前复杂艰巨的生态环境问题,推进生态文明建设不仅仅是理念的提出和倡导,还必须要落到实践行动当中去,确保制度内容的全面性和针对性,保护制度的权威性、有效性和严肃性,用制度建设成果为生态文明建设提供长久的推动力。所以,在加强可持续发展的大背景下,制度的创新成为推进生态文明

---

① 高小平、刘洪岩:《双创:国家治理现代化的重大制度创新》,《理论与改革》2017 年第 6 期。

② 本报评论员:《抓住制度创新这个关键》,《贵州日报》2017 年 10 月 11 日。

建设的最重要的因素。

一、环境保护和治理要以解决损害群众健康的突出环境问题为重点

人类活动与其生存环境密切相关，随着社会经济的快速发展，不同的环境对健康影响差异很大，产生不同的健康问题。环境与健康是 21 世纪人类面临的共同问题，中国正面临着环境和健康问题（如全球气候变化、生态环境破坏、环境质量恶化等）的重大挑战。近年来，环境污染导致的人体健康损害问题越来越突出，"癌症村"和重金属污染造成健康损害事件频现，产生了极为恶劣的社会影响。环境与健康问题严重威胁着人们的生存和发展，并且关系到人民群众的切身利益，是生态文明建设的重点。

1. 威胁群众健康的因素概述。在当今经济快速发展的背景下，环境问题纷纷涌现。人类的生存环境不断地被改变，在此过程中，人类的生存也受到了一定的威胁，环境的恶化一直在威胁着人类的健康。当前，由于工业化、城镇化、人口老龄化，由于疾病谱、生态环境、生活方式不断变化，我国面临着多重疾病威胁并存、多种健康影响因素交织的复杂局面。我们既面对着发达国家面临的卫生与健康问题，也面对着发展中国家面临的卫生与健康问题。如果这些问题不能得到有效解决，必然会严重影响人民健康，制约经济发展，影响社会和谐稳定。①如今的环境问题可以概述为以下几个方面：（1）由于经济的快速发展，人类需要从自然摄取更多的资源。自然资源的开采加工，产生了大量的废气废渣，再加之重工业的发展会释放大量的废弃物，再加之生产过程中对环境的保护不够到位，造成了严重的空气污染、水污染等。人们在生产生活中会产生大量的垃圾废物，使人们的生存环境恶化，身体健康受到威胁。（2）近年来，随着农村经济的快速发展，工业污染物及城乡生活污水逐年增加，在农业生产中，农药、化肥、农膜等农业投入品使用量不断提高，农村基础设施建设滞后，农田水土流失严重，农用水体与土壤污染加剧，野生动植物资源减少，农作物病虫草害严重，农产品中有害物质超标普遍，农产品质量明显降低，都严重影响着人们的身体健康。（3）经济发展产生的新兴行业使用最为便利的产品营销方

---

① 《习近平在全国卫生与健康大会上的讲话》，新华社，2016 年 8 月 20 日。

式,大量使用一次性产品,增加了环境承载的压力,许多生产商环境保护意识薄弱,没有正确处理遗留垃圾,造成了更多的环境污染。环境问题的不断恶化仍然是损害群众健康最为重要的因素。同时,社会环境的污染,也同样对人们的身体健康造成巨大的伤害。比如,食品安全问题的频发、常用商品的生产制造有害物质超标等都是造成人们身体不健康的重要原因。

2.解决群众健康问题成为环境保护与治理重点的原因分析。人民群众是社会历史的主体,是物质财富与精神财富的创造者,在推进人类历史发展中起着决定性的作用。环境是我们生存的重要前提,只有将环境保护好了才能够保护好人类。环保工作的开展,能够确保生产以及生活活动安全,能够保证群众的饮用水安全,吸入的气体安全,吃进去的食品安全。一旦水源或是大气等被污染了,我们的身体就会出现很多不适症状,比如最近几年多发的癌症就是最为典型的案例。通过分析全球的环境问题,像非常著名的伦敦烟雾事件等许多的案例,我们可知开展环境保护工作的重要性。由于经济高速发展,人们的温饱已经不成问题了,人们更加关注的是身心健康和生态健康,对于环境品质的要求越来越严苛。提升生活的品质,延长人的寿命,就成了当前各项工作的重点。环境和经济之间的联系十分紧密。稳定的生态是经济发展的必要前提,环境问题从根源上来看,是发展不当导致的。它和经济发展是一体的,必须在发展经济的同时处理污染。人民群众是经济创造的主体,群众的健康问题是衡量一个国家一个社会发展优良程度的重要标准,也是体现一个社会发展前景的重要因素,是民族昌盛和国家富强的重要标志,也是广大人民群众的共同追求。"没有全民健康,就没有全面小康。"在2016年全国卫生与健康大会上,习近平总书记从实现民族复兴、增进人民福祉的高度,把人民健康放在优先发展的战略地位,深刻论述推进健康中国建设的重大意义、工作方针、重点任务。这是全党全社会建设健康中国的行动指南,更是全方位全周期保障人民健康的实践号令。[①]将环境保护、治理与群众的健康问题紧密结合起来,是我国推进社会可持续发展的重要战略规划,是新发展理念中的"协调""绿色"两大发展

---

① 邓禅:《"健康中国"战略中三个理念的转变》,《湖南大众传媒职业技术学院学报》2018年第4期。

理念的深入贯彻,在建设美丽中国的过程中起着举足轻重的作用。

3.我国在环境保护和治理上的探索与创新。党的十九大报告指出:"建设生态文明是中华民族永续发展的千年大计",并明确要求"着力解决突出环境问题""加大生态系统保护力度"。这是党的十九大对今后一个时期环境治理和生态保护工作提出的新要求和新任务。①要坚持标本兼治、常抓不懈,从影响群众生活最突出的事情做起,既下大力气解决当前突出问题,又探索建立长久管用、能调动各方面积极性的体制机制,改善环境质量,保护人民健康,让城乡环境更宜居、人民生活更美好。习近平指出,良好的生态环境是人类生存与健康的基础。要按照绿色发展理念,实行最严格的生态环境保护制度,建立健全环境与健康监测、调查、风险评估制度,重点抓好空气、土壤、水污染的防治,加快推进国土绿化,切实解决影响人民群众健康的突出环境问题。要继承和发扬爱国卫生运动优良传统,持续开展城乡环境卫生整洁行动,加大农村人居环境治理力度,建设健康、宜居、美丽家园。要贯彻食品安全法,完善食品安全体系,加强食品安全监管,严把从农田到餐桌的每一道防线。要牢固树立安全发展的理念,健全公共安全体系,努力减少公共安全事件对人民生命健康的威胁。②

在环境保护与治理上主要抓住以下几点内容:首先,抓好大气、水、土壤等污染防治,这是着力解决突出环境问题的重点。要持续实施大气污染防治行动,打赢蓝天保卫战。严格控制重点区域煤炭消费总量,改变原来以初级资源开采发展经济的局面,更多地以环境保护为主体进行经济建设。要加快水污染防治,实施流域环境和近岸海域综合治理。深入实施水污染防治行动计划,全面推行"河长制",使河流得到集中监控式的管理,改变原来河流污染严重,而又无从抓起的尴尬局面。抓好流域区域水污染联防联控联治。开展地下水污染调查和综合防治。大力整治城市黑臭水体。全面加强重要饮用水水源地的安全保障建设。要强化土壤污染管控和修复,加强农业面源污染防治,开展农村环境整治行动,提高群众的环保意识,从基层抓起,取代原来治标不治本的环保

---

① 钟季华:《着力把握环境治理和生态保护的新要求》,《中国纪检监察报》2018年4月5日。

②《习近平在海南考察工作结束时的讲话》,2013年4月10日。

措施。提高农产品绿色质量，加大畜禽养殖废弃物和农作物秸秆综合利用力度，改变原来利用率低下而且污染严重的问题。要加强固体废弃物和垃圾处置。全面推动餐厨废弃物、建筑垃圾、园林废弃物和废旧纺织品等城市典型废弃物集中处理和资源化利用。最大限度提高再回收利用率，减少资源浪费和环境污染。[1]其次，实施重要生态系统保护和修复重大工程。要优化生态安全屏障体系，构建生态廊道和生物多样性保护网络，提升生态系统质量和稳定性。坚持保护优先、自然恢复为主，充分发挥自然系统的自我调节和自我修复能力，通过封禁保护、自然修复的办法，让生态休养生息。营造良好的自然环境，提高人类的生存环境质量，减少健康隐患。[2]再次，开展国土绿化行动。要扎实推进荒山荒地造林，宜林则林、宜湿则湿，充分利用城市周边的工矿废弃地、闲置土地、荒山荒坡、污染土地以及其他不适宜耕作的土地开展绿化造林。推进荒漠化、石漠化、水土流失综合治理，强化湿地保护和恢复，加强地质灾害防治。推进沙化土地封禁保护区和防沙治沙综合示范区建设。积极开展生态清洁小流域建设。实施湿地保护与修复工程，逐步恢复湿地生态功能。优化城市绿地布局，建设绿道绿廊，使城市森林、绿地、水系、河湖、耕地形成完整的生态网络。完善天然林保护制度，扩大退耕还林还草。完善相关政策措施，落实好全面停止天然林商业性采伐。加强林业重点工程建设，增加森林面积和蓄积量，精准提升森林质量和功能。扩大退耕还林还草，严格落实禁牧休牧和草畜平衡制度，加大退牧还草力度，保护治理草原生态系统。[3]最后，完善制度保障。一是提高污染排放标准，强化排污者责任，健全环保信用评价、信息强制性披露、严惩重罚等制度，加快实施排污许可制，建立企事业单位污染物排放总量控制制度，加大对企业违法排污行为的惩罚力度。二是构建以政府为主导、企业为主体、社会组织和公众共同参与的环境治理体系，继续深入推进中央环境保护督察，积极推进地方党委和政府开展本地区环境保护督察。健全监督举报、环境

---

① 钟季华：《着力把握环境治理和生态保护的新要求》，《中国纪检监察报》2018 年 4 月 5 日。

② 《学习贯彻十九大精神系列问答》，《实践（党的教育版）》2018 年第 11 期。

③ 钟季华：《着力把握环境治理和生态保护的新要求》，《中国纪检监察报》2018 年 4 月 5 日。

公益诉讼等机制。①使群众有权利监督，为自己的生活环境和健康程度负责。以上几点，对自然环境的保护和治理，对社会生存环境的保护和治理，对环境保护与治理的体制机制的创新完善，都是以改善人民生存环境为主体，以群众健康问题为落脚点的，对改善群众健康问题有着举足轻重的意义。

4.加强环境保护和治理对解决群众健康问题的意义。保护环境是关系到人类生存、社会发展的根本性问题。环境保护是研究和防止由于人类生活、生产建设活动使自然环境恶化，进而寻求控制、治理和消除各类因素对环境的污染和破坏，并努力改善环境、美化环境、保护环境，使它更好地适应人类生活和工作需要。具体来说，主要有以下几种环保治理手段直接减少了环境污染对人体健康的威胁：(1)加强环保力度，治理空气污染，减少空气里的可吸入颗粒物(如 PM2.5/PM10)、二氧化硫、氮氧化合物、一氧化碳等，提高空气清洁度，减少了人们吸入有害物质对身体健康和生命的威胁，一定程度上也延长了人们的平均寿命。(2)环保措施中，强调地上环保，治理河流污染，保护植被，治理土壤污染，加强绿化，减少农业中的化学物质的使用，提高农产品种植技术，保证了人们生存与自然环境的安全；环境绿化变好，饮用水净化，食品安全性提高，极大地降低了不健康因素的威胁。(3)注重社会环境的净化，对传统产业，提高污染物加工排放的要求，对新兴产业，严格控制无法降解有害化学物质的使用量，对市场食品安全的检测度增强，使人民群众生活在绿色安全的环境里，增强其幸福感，在生理和心理上都提高健康程度。综上，环境保护和治理对群众的健康具有最为重要的意义。

二、按照系统工程的思路，全方位、全地域、全过程开展生态环境保护建设

当前，环境问题越来越成为人类关注的焦点问题，环境的发展不仅关系到我们这一代人，更关系着我们下一代人的发展。自然环境是人类赖以生存、繁衍的物质基础；保护和改善自然环境是人类维护自身生存和发展的前提。因此，我们要注重维护人与自然的关系，保护自然实则就是保护人类自身。

---

① 钟季华：《着力把握环境治理和生态保护的新要求》，《中国纪检监察报》2018 年 4 月5 日。

　　习近平总书记深刻认识到环境对于人类发展的重要性,他强调,要推动形成绿色的发展方式,必须把生态文明建设摆在全局工作的突出地位,坚持把生态文明建设作为统筹推进"五位一体"总体布局和协调推进"四个全面"战略布局的重要内容,坚持节约资源和保护环境的基本国策,坚持绿色发展,把生态文明建设融入经济建设、政治建设、文化建设、社会建设各方面和全过程。[①]加大生态环境保护建设力度,推动生态文明建设在重点突破中实现整体推进,实现经济发展和环境保护的共同发展,为人民群众创造良好的生存环境。

　　按照系统工程的思路,全方位、全地域、全过程开展生态环境保护建设要从以下几方面抓起:

　　1. 要大力推动资源利用方式的彻底转变,加强全过程节约管理,节约集约利用资源,大幅度降低能源、水、土地的消耗强度。所谓资源节约集约利用,就是从时间维度和空间维度两个方面考虑。从时间维度看,我们使用资源时,不仅要考虑当前现状,也要深谋远虑,考虑未来,要为未来的发展留下更多可利用的资源。我们需要通过减少使用量来控制消耗的总量,从而实现节约。许多资源的形成都具有长期性,尤其是不可再生资源,例如矿产资源的形成。矿产资源多形成于距今 26 亿~30 亿年的太古时代。远古时代,成矿期均以亿年计算。与此相反,人类开采、消耗矿物却十分迅速,一个矿区开采期仅为百年、数十年,以至几年。因此,我们要倍加珍惜矿产资源等不可再生资源,进行合理利用。从空间维度看,要集约使用资源,也就是说通过科学技术使单位面积获得更大的效益。以种植水稻为例,在 20 世纪之前,东南亚的水稻种植多为人力种植,精耕细作,商品率低,土地的单位面积效益低。20 世纪之后,水稻种植大多依靠科技,并且在种植水稻的同时又在稻田里养鱼,既节约了水资源,也取得了规模化效益,更提高了土地利用率。

　　我国地大物博,但同时人口众多,能源消耗量极大,如果不合理利用资源、大力节约资源、提高资源利用转化率,则会导致许多不必要的资源浪费,不利于自然生态环境的发展,同时也会给我国的生产和经济发展造成极大的损失。节约资源是保护生态环境的根本之策。习近平总书记说,大部分对生态环境造

[①] 周宏春:《改革开放 40 年来的生态文明建设》,《中国发展观察》2019 年第 1 期。

成破坏的原因都是来自对资源的过度开发、粗放型使用。如果竭泽而渔，最后必然是什么鱼也没有了。因此，必须从资源使用这个源头抓起。[①]我国人口数量经历了"人"→"从"→"众"的变化，而木材总量却经历了"森"→"林"→"木"的变化，这说明人口过快增长，给我国自然资源和生态环境带来了沉重压力。虽然我国自然资源总量大、种类多，但是我国人均资源占有量少，资源开发利用不合理、不科学，由此造成的浪费和损失十分严重，形成了我国资源形势紧张的局面。我们必须意识到当前中国的资源现状，坚持节约资源、保护环境的基本国策，推动资源利用方式的彻底转变，构建资源节约型社会，走可持续发展的道路。

生态环境问题，归根到底是资源过度开发、粗放利用、奢侈消费造成的。资源开发利用既要支撑当代人过上幸福生活，也要为子孙后代留下生存根基。要解决这个问题，就必须在转变资源利用方式、提高资源利用效率上下功夫。要树立节约集约循环利用的资源观，实行最严格的耕地保护、水资源管理制度，强化能源和水资源、建设用地总量和强度双控管理，更加重视资源利用的系统效率，更加重视在资源开发利用过程中减少对生态环境的损害，更加重视资源的再生循环利用，用最少的资源环境代价取得最大的经济社会效益。要全面推动重点领域低碳循环发展，加强高能耗行业能耗管理，强化建筑、交通节能，发展节水型产业，推动各种废弃物和垃圾集中处理的资源化利用。[②]

2. 要控制能源消费总量，加强节能降耗，支持节能低碳产业和新能源、可再生能源发展，确保国家能源安全。[③]众所周知，能源作为我国的重中之重，是我国的立国根本，关乎整个国家的经济发展。能源安全是关系国家经济社会发展的全局性、战略性问题，对国家繁荣发展、人民生活改善、社会长治久安至关重要。[④]

我国是个能源大国，但同时也是个能源消耗大国。虽然我国的能源总量上

---

① 《习近平在十八届中央政治局第六次集体学习时的讲话》，2013 年 5 月 24 日。

② 《习近平在十八届中央政治局第四十一次集体学习时的讲话》，2017 年 5 月 26 日。

③ 胡锦涛：《十八大报告》，2012 年 11 月。

④ 《习近平在中央财经领导小组第六次会议上的讲话》，2014 年 6 月 13 日。

还算可以,但是人均资源匮乏,能源开发速度缓慢,能源消耗严重等问题突出,使得我国不得不重视能源问题。党的十八大报告提出,推动能源生产和消费革命,控制能源消费总量,加强节能降耗,支持节能低碳产业和新能源、可再生能源发展,确保国家能源安全。

在应对能源问题方面,中国采取了许多积极措施,如立足于国内能源的勘探与开发、加强与国际能源的合作、开发利用新能源、加强石油储备等,使得中国能源问题显著改善。但是,随着我国经济的快速发展,工业处于加速时期,这在客观上决定了我国的能源资源需求量将持续上升。同时,我国不断承接发达国家的产业转移,成为全球加工制造基地,也加剧了国内能源资源供给压力。这就更加要求我国能源要节能降耗,从高碳向低碳转变,推进能源供给侧结构性改革,转变能源发展方式。

2008年金融危机以来,世界能源供求关系出现重大变化,供需格局开始深刻调整,能源发展呈现新的趋势,我国经济和能源发展步入新常态。面对新变化、新格局、新趋势,习近平总书记明确指出:我们必须从国家发展和安全的战略高度,审时度势,借势而为,找到顺应能源大势之道。[①]

3. 要加强水源地保护和用水总量管理,推进水循环利用,建设节水型社会。[②]水是生命的源泉,是人类赖以生存和发展不可缺少的最重要的物质资源之一。人类的生产和生活都需要水来维持。因此,加强水源地保护和用水总量管理,推进水循环利用,建设节水型社会,是十分必要而且重要的。

地球大约有70%的面积为水所覆盖,但是淡水资源却极其有限。在全部水资源中,约97%是无法饮用的咸水。在余下的约3%的淡水中,也有大部分是人类难以利用的两极冰盖、高山冰川和永冻地带的冰雪。人类真正能够利用的是江河湖泊以及地下水中的一部分,仅有百分之零点几,并且分布不均。

水资源问题越来越成为当今全世界最受关注的焦点问题之一。虽然我国占地面积大、水资源十分丰富,但人均占有量少。随着我国经济快速发展和大量的水资源开发活动的开展,我国所面临的水资源的局势越来越紧张。目前我

---

① 《习近平在中央财经领导小组第六次会议上的讲话》,2014 年 6 月 13 日。
② 胡锦涛:《十八大报告》,2012 年 11 月。

国的"水"存在两大主要问题：一是水资源短缺，二是水污染严重。因此，推进水源循环利用，既是循环经济发展的要求，也是当下环境保护的主题，更是构建节水型社会的必要举措。

我国水安全已全面亮起红灯，高分贝的警讯已经发出，部分区域已出现水危机。河川之危、水源之危是生存环境之危、民族存续之危。水已经成了我国严重短缺的产品，成了制约环境质量的主要因素，成了经济社会发展面临的严重安全问题。一则广告词说"地球上最后一滴水，就是人的眼泪"，我们绝对不能让这种现象发生。要大力增强水忧患意识、水危机意识，从全面建成小康社会、实现中华民族永续发展的战略高度，重视解决好水安全问题。①

4. 要严守耕地保护红线，严格保护耕地特别是基本农田，严格土地用途管制。耕地是人类赖以生存的基本资源和条件。保持农业可持续发展首先要确保耕地的数量和质量。中国作为一个拥有 13 亿人口的农业大国，必须要保有一定数量的耕地，才能满足人口的吃饭问题。保护耕地是关系到中国经济与社会可持续发展的全局性战略问题。珍惜和合理利用土地，切实保护耕地是必须长期坚持的一项基本国策。

目前，我国的耕地存在着人均少、质量下降、退化严重、后备不足等问题。由于地方政府建设开发区占用农民大量的耕地，且大部分开发区闲置，土地利用率低下，耕地面积正在以惊人的数量减少。各地尤其是发达地区又都急需加大土地供应，土地供需进退两难，矛盾重重。同时因耕地减少而带来的各方面的危机也凸显出来，在城市化进程和现代农村建设中，倘若这些危机不能得到及时有效的解决，则将衍生为经济发展、社会进步的重要阻碍。

2009 年 6 月 23 日国务院新闻办公室举行新闻发布会，国土资源部提出"保经济增长、保耕地红线"行动。对于中国这样一个大国来说，耕地问题始终是关系到中国社会可持续发展的战略性问题。中国人的粮食要掌握在中国人的手里，耕地资源是中国的粮食支撑。只有严守耕地保护红线，重视耕地的质量建设，才能从根本上解决中国人的吃饭问题。严守耕地保护红线，才能使我国耕地数量稳定，耕地质量上升，这不仅是中国粮食的保障，也是对后代子子

---

① 《习近平在中央财经领导小组第五次会议上的讲话》，2014 年 3 月 14 日。

孙孙负责。

十八亿亩耕地红线仍然必须坚守，同时还要提出现有耕地面积必须保持基本稳定。简而言之，保护耕地要像保护文物那样来做，甚至要像保护大熊猫那样来做。坚守十八亿亩耕地红线，大家立了军令状，必须做到，没有一点点讨价还价的余地！①

5. 要加强矿产资源勘查、保护、合理开发，提高矿产资源勘查、保护、合理开发和综合利用的水平。②矿产资源是人类的一大重要资源。它并不是轻易就能形成的，而是经过几百万年，甚至几亿年的地质变化才形成的。大到飞机、火箭的制造，小到锅碗瓢盆，都需要矿产资源，现代社会里人们的生产和生活都离不开它。而且它的形成时间长，属于不可再生资源，用一点就会少一点。矿产资源不仅重要，而且有限，所以开发利用矿产资源是现代化建设的必然要求。

以石油为例，石油是重要的矿产资源之一，它被广泛运用于交通运输、石化等各行各业，被称为经济乃至整个社会的"黑色黄金""经济血液"。石油的流动改变着世界政治经济的格局，只要没有一种新的燃料能取代石油，国际上石油的争夺就不会停止。③如果国际油价上涨，那么中国将会支付更多的钱去购买石油，所以我们不得不重视它。

党的十八大报告明确提出，要加强矿产资源勘查、保护、合理开发。这是党中央针对我国经济发展不断加快，对矿产资源的刚性需求不断加大，同时面临着生态环境制约压力不断加大的新形势，对矿产资源保障能力及生态环境建设提出的新的明确要求，为今后进一步推进找矿突破战略行动及矿产资源管理工作指明了方向，是涉矿部门及行业今后相当一个时期的奋斗目标。④

6. 要大力发展循环经济，促进生产、流通、消费过程的减量化、再利用、资源化。⑤什么是循环经济？国家发改委对循环经济的定义是："循环经济是一种

---

① 《十八大以来重要文献选编上》，中央文献出版社，2014，第662—663页。

② 《习近平在十八届中央政治局第六次集体学习时的讲话》，2013年5月24日。

③ 张娅楠：《石油能源对中国经济的影响》，《经济研究导刊》2012年第13期。

④ 《加强矿产资源勘查、保护与合理开发——学习十八大报告有关资源与生态论述的心得之五》，国土资源部，2012年11月28日。

⑤ 胡锦涛：《十八大报告》，2012年11月。

以资源的高效利用和循环利用为核心，以'减量化、再利用、资源化'为原则，以低消耗、低排放、高效率为基本特征，符合可持续发展理念的经济增长模式，是对'大量生产、大量消费、大量废弃'的传统增长模式的根本变革。"从这个定义来看，循环经济是一种长期的、可持续发展的经济。它合理地利用自然资源，与生态环境相结合，不仅实现了经济的可持续发展，也保护了生态环境，实现了自然的可持续发展。大力发展循环经济，不仅能够得到金山银山，还能够得到绿水青山。

自从工业革命以来，欧美资本主义国家的工业得到了飞跃的发展，经济实力猛增，国家能力增强，但与此同时环境污染也在扩散。工业城市周围的空气中充斥着化石燃料燃烧后的颗粒物，许多人因此患上传染性疾病。河流污染也十分严重，工业废水直接排放进河流，河流散发着恶臭，几乎没有鱼类生存。这场环境浩劫使得资本主义国家开始意识到环境对人类的重要性，于是开始提倡保护生态环境，注重经济发展与保护生态环境相结合，发展循环经济。

目前，我国资源面临着严峻的形势，大力发展循环经济能够合理、有效地利用资源，以缓解我国资源紧缺的矛盾，也能够从根本上减少环境污染，保护良好的生态环境。发展循环经济是提高人民生活质量，建设资源节约型、环境友好型社会和实现可持续发展的重要途径。大力发展循环经济，促进生产、流通、消费过程的减量化、再利用、资源化，以最小的资源消耗和环境成本，获得尽可能大的经济和社会效益，使社会经济系统与自然生态系统相和谐，实现人与自然和谐发展。

生态文明建设，是关系人民福祉、关乎民族未来的长远大计。我们要坚持节约资源、保护环境的基本国策，坚持习近平生态文明思想，继续推进生态文明建设，把生态文明建设融入政治建设、经济建设、文化建设和社会建设中，努力建设美丽中国，实现中华民族的永续发展。但是生态文明建设不应该只是理念的倡导，更应该落实到实践行动中去。生态文明建设的制度创新是我国在探索如何建设生态文明方面的一大进步，为生态文明建设提供了制度保障。

第三节　技术创新——节能增效技术创新

生态问题，是指由于生态平衡遭到破坏，导致生态系统的结构和功能严重失调，从而威胁到人类的生存和发展的现象。[1]生态问题主要表现为水土流失、土地荒漠化、森林和草地资源减少、生物多样性减少等。生态平衡是生态问题的核心，人也是这生态中的一分子，理应尊重自然，顺应自然，保护自然。人是生态环境中最高级的生物，拥有其他动物没有的智慧，所以我们更应该去维护整个生态的平衡。

生态问题主要分为两类，一是不合理地开发自然资源所造成的生态环境破坏。由于盲目地开垦荒地、滥伐森林、过度放牧、掠夺性捕捞、乱采乱挖、不适当地兴修水利工程或不合理灌溉等引起水土流失，草场退化，土壤沙化，盐碱化、沼泽化，湿地遭到破坏，野生动植物和水生生物资源日益枯竭，水体污染，以致流行病蔓延。二是城市化和工业化高度发展而引起的"三废"污染、噪声污染、农药污染等环境污染。[2]这些都是造成生态问题的主要原因。但是追求功利的人毕竟占少数，大多数人还保持着清醒和理智。各国也意识到了生态问题的严峻性，都颁布了各种法律法规去保护生态环境，促进人与自然的和谐共处。我们都知道传统经济的发展是靠牺牲环境来实现的，所以到了我们这一代生态环境问题已经成了重中之重。我们现在面临的生态问题十分严峻，森林资源减少、矿产资源枯竭、海洋资源受到污染，这一系列问题已经威胁到了人类的生产生活。建设生态文明，打造一个我们赖以生存的美好家园，已经迫在眉睫。

资源节约、环境保护是我国的基本国策，生态文明建设是实现中华民族永续发展、协调推进"五位一体"总体布局的重大战略。绿色发展是"十三五"规划重点推动的重要任务。党的十八大以来，我国在节能增效方面取得了积极成

---

① 刘芳：《浅析生态环境问题》，《生物技术世界》2013 年第 2 期。

② 任美丽、韩冬冰、孙磊：《哈大齐工业走廊开发与生态合作问题的研究》，《黑龙江科技信息》2011 年第 11 期。

效,切实推动了经济社会的绿色转型,为生态文明建设提供了有力支撑。[1]

一、节能成效显著

我国在节能增效方面取得了积极成效,切实推动了经济社会发展的绿色转型,经济发展对能源消耗依赖程度降低,可持续发展能力稳步增强。单位GDP能耗是一个国家进入工业化中期以后,衡量经济发展质量和效益的重要标志,也是评价一个国家可持续发展能力的重要指标。[2]联合国在《变革我们的世界:2030年可持续发展议程》中提出,到2030年全球提高能源效率的速度翻一番。作为联合国2030年能源可持续发展的三大目标之一,提高能源效率被给予了高度重视。近年来,随着我国经济发展进入"新常态"和节能增效工作的持续深入,我国单位GDP能耗稳步降低。[3]

为经济发展注入绿色新动力,助推供给侧结构性改革。节能环保产业是"十三五"时期的战略性新兴产业之一,为我国经济发展带来新活力。2011—2016年期间,我国节能环保产业产值从2万亿元增加到5万亿元以上,年均增速在15%以上,是同期我国GDP增速的两倍以上,为经济"稳增长"提供了有力的支撑。节能环保设备制造、节能和新能源汽车制造、节能环保服务等新兴产业快速发展,工业生产线和工业园区的绿色化改造步伐加快,绿色建筑、绿色建材推广力度加大,绿色能源应用范围越来越广,都为经济发展注入了新的活力。[4]

缓解能源供需紧张,为能源系统"提质增效"赢得宝贵时机。2003—2010年期间,我国能源需求高速增长,煤炭、电力、汽油、柴油等供不应求,保障能源安全供应是当时的首要任务,提高能源服务品质、深化能源体制改革等任务则无暇顾及。2011—2016年期间,我国年均能源消费增幅大幅下降,五年增幅不到上一个五年期间的一半,保障能源需求的压力缓解,为我国优化能源结构、

---

① 白泉:《高举生态文明大旗扎实推进节能增效》,《中国改革报》2017年6月14日。
② 白泉:《发挥节能增效对绿色发展的支撑作用》,《光明日报》2017年8月10日。
③ 同①。
④ 同②。

提高能源服务品质、深化能源体制机制改革赢得了宝贵的腾挪空间。①

　　减少污染物排放,以"源头减量化"助推环境质量改善。环境污染、改善环境质量,是近几年我国发展面临的突出问题。从 2014 年《政府工作报告》提出"向污染宣战",到 2015 年提出"打好环境治理攻坚战",到 2016 年提出加强"环境保护督察",再到 2017 年提出"坚决打好蓝天保卫战",环境治理的呼声越来越高,目标越来越精准。长期以来,政府在末端治理方面投入巨资,但边际投资递减的问题却越来越突出。

　　推动全球绿色合作,彰显负责任大国新形象。近年来,绿色低碳已经成为全球发展的大势所趋。2016 年 G20 峰会上,20 国首脑核准了中国发起制订的 G20 中长期能效合作计划——《G20 能效引领计划》。②二十国集团就能效中长期合作的总体框架、主要目标、优先领域等取得高度共识,二十国集团表示将以此引领推动全球能效提高,在落实联合国 2030 年可持续发展议程中发挥领导作用。

二、推进节能增效的具体工作

　　我国的节能增效工作,需要以生态文明建设和绿色发展的重大战略部署为总纲,按照党中央、国务院的战略部署,结合能源发展新技术、新产品和新的商业模式,扎扎实实推动节能和能源效率提高。

　　1. 凝聚共识,以稳中求进的心态推进节能工作。随着我国经济发展进入"新常态",能源消费出现了新变化,我们要在认识上坚持"稳中求进"的总基调,各级政府和企业对节能的认识不能弱化,目标不宜弱化,政策执行不应软化。社会各界对节能的关注重点,要从单纯地强调节约用能、少用能,逐步转变到更加强调提升经济效益、提高生产效率、提高清洁程度、提高能源服务质量的新思路上来,用同样的能源满足更多群众、更高的物质消费需求、休闲娱乐需求和更好的生态环境需求,在坚持节能增效意识不放松、政策不弱化的基础上,力争在若干重点领域实施制度创新和科技创新,引领全球绿色发展。③

---

①② 白泉:《发挥节能增效对绿色发展的支撑作用》,《光明日报》2017 年 8 月 10 日。
③ 白泉:《高举生态文明大旗扎实推进节能增效》,《中国改革报》2017 年 6 月 14 日。

2. 发挥节能增效对生态文明建设和绿色发展的支撑作用。节能增效的政策措施和发展目标,要更加紧密地服务于经济提质增效、供给侧结构性改革、环境质量改善、生态文明建设、绿色产业发展等重大战略。在京津冀协同发展战略中,通过节能增效实现冬季清洁取暖,满足民生需求;在长江经济带战略中,通过节能增效帮助一批地区率先形成节约能源资源和保护生态环境的产业结构、增长方式、消费模式,走生态优先、绿色发展之路;在一带一路战略中,要践行绿色发展的新理念,在全球范围内引领并倡导绿色、低碳、循环、可持续的生产生活方式,共同建设生态文明,携手推动联合国 2030 年可持续发展目标早日实现。[①]

3. 强化执行,贯彻落实党中央、国务院部署的节能重点任务。按照党中央、国务院的战略部署,研究制订通过节能增效和能源消费结构调整,推动北方居民冬季清洁取暖的解决方案。结合雄安新区建设,研究制订雄安新区的绿色、循环、低碳发展规划方案,提供更高效、更清洁、更智能化的能源解决方案。加快落实与雾霾治理和"蓝天保卫战"相关的节能重大行动,包括散煤治理行动、重点地区煤炭消费总量控制等。[②]

4. 改革创新,探索建立节能增效的市场化新机制。随着全民深化改革和政府职能转变,传统的依靠行政指令和财政补贴为主推动节能的政策需要作出调整,必须要建立更加依靠市场力量、依靠价格和财税信号的节能政策。要在研究节能市场化机制的基础上,与国家发改委价格司、财政部、税务总局等政府部门合作,研究推动节能的价格财税改革政策;与中国人民银行、银监会、证监会、保监会等政府部门和基金公司、证券公司、交易所、保险公司等企业合作,更多运用绿色基金、绿色债券、股权融资、绿色保险等方式推动节能工程落在实处,研究制定《绿色产业指导目录》,助推绿色产业做大做强。[③]

[①][②][③] 白泉:《高举生态文明大旗扎实推进节能增效》,《中国改革报》2017 年 6 月 14 日。

第三篇
成果：生态文明的中国之治

第七章　中国治理模式

第一节　中国治理模式的概述

一、中国治理生态文明建设的发展历程

(一)生态文明建设的萌芽与发展

我国生态文明建设的萌芽阶段是从新中国成立到改革开放前。新中国成立后,中国还处于一个比较贫穷落后的状态,1949年党的七届二中全会提出了使中国稳步由农业国转变为工业国,开始了工业化建设。生态文明是胡锦涛在2005年中央人口资源环境工作座谈会上提出的,胡锦涛提到"完善促进生态建设的法律和政策体系,制定全国生态保护规划,在全社会大力进行生态文明教育",在这里第一次谈到了生态文明。

生态文明在2005年提出后,就开始不断出现在人们视野里。2007年党的十七大报告提出建设生态文明的观点,并把它列为全面建成小康社会的目标之一,提出必须要节约资源和保护生态环境,树立牢固的生态文明观念。生态建设关乎中国未来的发展,是建设美丽中国必不可少的一个重要步骤,是中国建成全面小康社会目标必不可少的一部分。2009年党的十七届四中全会把生态文明建设列为"五位一体"建设的重要突出的一部分。在2012年党的十八大报告中,胡锦涛提出要加强生态文明建设,将其放在"五位一体"建设中的突出位置,并将生态文明建设深深融入其他四个建设之中,努力建设美丽中国。

(二)生态文明建设的成熟

生态文明建设经过了探索起步时期和初步形成时期,过渡到了走向成熟时期。党的十八大以来,习近平多次对生态文明建设作出重要指示,在不同场合反复强调"绿水青山就是金山银山"。在这一理念的引领下,党中央、国务院对生态文明建设先后作出一系列重大决策部署,形成了当前和今后一个时期

关于生态文明建设的顶层设计、制度架构和政策体系,并最终形成习近平生态文明思想,标志着生态文明建设取得了重大进展。

党的十八大把生态文明建设纳入中国特色社会主义事业五位一体总体布局,首次提出五大发展理念,绿色发展理念位列其中。2016年全国两会审议通过的"十三五"规划将生态环境质量改善作为全面建成小康社会的目标。在党的十九大上习近平总书记提出生态文明建设,表明我国生态文明建设正稳步前进并逐渐进入成熟时期,报告中还提出了关于生态文明建设的三个创新:第一,对生态文明建设中存在的问题具有清醒的认识;第二,对解决生态文明建设中存在的问题有清晰的思路和举措;第三,向全世界作出了中国建设生态文明的庄严承诺。①

在党和国家的带领下,环境治理和生态保护成效显著,全国已经陆续开展国家生态文明试验区建设。"三北"防护林工程被联合国环境规划署确立为全球沙漠"生态经济示范区",塞罕坝林场建设者、浙江省"千村示范、万村整治"工程("千万工程"),先后荣获联合国环保最高荣誉"地球卫士奖"。塞罕坝沙地不再是"飞鸟无栖树",库布齐沙漠不再是"死亡之海",九曲黄河也不再是"万里沙"。②

二、中国特色社会主义生态文明建设的基本国情及现状

党的十九大报告中提到,生态文明建设是中国未来发展不可缺少的一部分,是实现"两个一百年"奋斗目标的建设重点,是关乎实现中华民族伟大复兴的关键落脚点。保护环境的基本国策能够有力推动生态环境保护措施的提出和积极落实,可持续发展战略的提出也让我们国家在以经济发展为中心的同时兼顾生态环境的保护,既要金山银山也要绿水青山。中国特色社会主义的领导核心是中国共产党,那么生态文明的建设就必须由中国共产党来积极落实,将党的建设和生态文明建设有机结合,充分彰显中国共产党的先进性和纯洁

---

① 赵文、王万山、陈胜才:《习近平关于党建引领生态文明发展的思想研究》,《九江学院学报(社会科学版)》2020年第3期。

② 谷树忠:《推进我国生态文明高质量建设》,《团结报》2020年12月5日。

性,巩固中国共产党执政地位,提高执政能力,代表最广大人民的根本利益,当好中国工人阶级的先锋队、中国人民和中华民族的先锋队,让中国共产党的领导受到更多人民群众的坚定拥护。所以,在新时代新阶段,生态文明建设开展和落实的大力推进是很有必要的,要掌握推动生态文明建设的切实有效的方法,贯彻具体可行的相关措施,把营造良好的生态环境、建设良好生态文明作为一项长期任务来抓、来落实。

近年来,人们出行的时候开始注重大气污染指数。特别是当冬季到来时,北方供暖开始,煤炭的燃烧造成了空气污染指数直线上升,对普通民众的身体健康造成了一定的影响。一些企业在促进经济发展的同时,也造成了水资源的污染,特别是一些乡镇企业、化工厂,由于废水的处理程序不够严谨,措施不够齐全,没有严格按照废水处理标准来规范废水排放,造成了一些乡镇水资源受到不同程度的污染,导致水质变差、庄稼歉收,威胁当地居民身体健康。

综观当下,国际政治经济局势比较复杂,国内面临着困难而繁重的改革和发展任务。我们要对中国共产党所处的形势进行全方位、多角度的分析,执政环境复杂是我们党目前面临的一个机遇和挑战。多方面、复杂的因素在不断地影响着党的执政能力、执政水平,为确保党的执政能力的提升和执政水平的提高,对我们党领导建设生态文明提出了新的要求。在下一阶段的生态文明建设当中,要充分发挥党的政治优势,发挥能够动员人民群众积极地参与到生态文明建设和环境保护当中的组织优势,发挥集中力量办大事的中国特色社会主义的制度优势,形成一种从上到下和从下到上的团结和默契,一同为中国的生态文明建设付出努力,从而最终实现"金山银山和绿水青山"和谐共生的局面。

在生态文明建设中,各级党委和政府有关职能部门要制定相关考核目标,考核相关责任人在一定期间内的治理情况,不仅仅局限于经济发展,也要兼顾环境保护方面,两者比重要相对均衡,切不可拆东墙补西墙,发展与保护是相辅相成的,而不是互斥的。党的组织建设、作风建设要求基层职能部门和党组织在落实环境保护相关措施时,不能忽略人民群众的力量,如果脱离人民群众去保护环境,不说能否取得预期成效,可能各项措施都得不到有效落实。所以,坚持中国共产党与广大人民群众的密切联系是非常有必要的,也是做任何事情、落实任何措施的基础。同时,在生态文明建设中,也要努力克服形式主义,加强作风建设,倡导实事求是的精神,切不可弄虚作假,要用实际行动落实环境保护。在实践中积极总结,在总结中积极实践,适应新要求,追求高质量发展,不断将学习领悟、奋发有为落到实处。

生态文明建设是我国社会现代化的重要方面,也是在现代化进程中实现人与自然和谐发展的重要前提。党的十九大提出必须树立和践行"绿水青山就是金山银山"的理念,坚持节约资源和保护环境的基本国策。习总书记也多次强调"既要金山银山也要绿水青山""绿水青山就是金山银山"。生态文明建设是中国特色社会主义现代化建设必不可少的一环,也是一个长远的发展战略,具有深刻的现实意义。

我国在发展经济的过程中,深刻明白了保护生态环境的重要性,因此,更加注重生态文明的建设,努力协调好发展的无限性与资源的有限性之间的关系。70 年来,我国生态环境保护取得了世人瞩目的成就,特别是党的十八大以来推进生态文明建设的决心之大、力度之大、成效之大前所未有,祖国大地开始呈现出天蓝山青水绿的美丽面貌。①

随着我国社会现代化的不断发展,生态文明建设也在不断完善并走向成熟。与此同时,应该更加注重绿色发展,坚定"绿水青山就是金山银山"的理念,完善绿色发展的体制机制,健全绿色发展的法治体系,倡导全民绿色生产生活方式,让绿色发展的思想扎根于每一个人心中,为我国生态文明建设奉献出自己的一份力量。

总之,生态环境的保护在中国发展的任何阶段都需要重视,要坚持可持续发展,寻找经济建设与生态文明之间的平衡,营造出一种人与自然美美与共的良好环境。生态文明建设能够应对社会主要矛盾的转变,使得人民群众的生活环境质量有所提高,同时提高我党的执政能力和治理国家的水平,积极巩固我党的执政地位,为最终实现中华民族的伟大复兴铺好路、垫好石。

三、完善中国模式的体制机制

党的十八大以来,在以习近平同志为核心的党中央的坚强领导下,各级部

---

① 许伟:《新中国 70 年生态文明建设的成就与经验》,《决策与信息》2019 年第 12 期。

门认真落实党中央的部署,积极统筹推进生态文明建设中的各项工作。

(一)体制机制的不断完善

党中央、国务院高度重视节约资源和保护环境的各项工作。按照新形势,制定了《生态文明体制改革总体方案》,加快了全面构建促进绿色发展、建设生态文明体制机制的步伐,并取得了积极成效。我们必须在习近平生态文明思想指导下,加快构建和完善产权清晰、多元参与、激励约束并重、系统完整的生态文明制度体系,加强法治、完善制度、理顺机制,为绿色发展和生态文明建设提供可靠的制度保障。①

(二)进一步建立和完善生态保护治理体制

地方人民政府聘请当地相关领域专家进行实地考察,根据当地的生态环境保护状况进行规划并提出一系列政策措施,解决当地突出的社会生态环境矛盾和问题,推动当地生态文明体系建设。加大对促进节能、减排、降耗和促进环境资源保护等领域绿色能源技术产品研发的资金投入,对传统产业开展绿色能源技术改造,加快培育新兴产业、绿色能源产业。例如:开创新兴的、具有更强创新力的环保相关技术,引进高级环保相关技术,培育高级环保相关人才,发展各种化学、生物、物理等高级环保相关技术,以加速建构发展绿色环保产业的新科技。改善再生能源利用结构,对资源节约回收综合利用和再生能源制造的新兴产业要给予充分的产业扶持和政策倾斜,使这些新兴产业真正有利可图、有长远的发展前景。

我国是资源大国,近几十年的高速发展是以透支大量资源为代价的,资源承载力和生态环境已陷入危机。20世纪70年代末,我国开始认识到环境的重要性并在以往的基础上进行反思,提出"加强全面环境管理,以管促治"的口号。之后又陆续出台了60多项与环境有关的配套制度,将经济增长速度由高速换为中高速,不断优化产业结构,加强环境治理,坚持走绿色发展道路。

在全国人民共同努力和监管下,目前我国环境治理有了显著成果,但环境管理体制机制上仍有很多漏洞与不足:如制度体系构成的缺失,我国的环境管理制度涵盖范围窄,延展性差,导致适用的范围不够;环保部门地位尴尬,缺乏

① 高世楫:《着力构建绿色发展的体制机制》,《中国经济时报》2018年12月18日。

独立性与权威性,执行力度低下,难以有效抵制地方保护主义;权责不清,责问监管难,环保部门责任包含于政府责任中,但具体责任并不明确;个别群众只看见眼前利益,不愿意配合改革。针对这四点,提出相应的对策:第一,完善环境管理制度体系。第二,整合分散的环境保护职责,建立健全环境管理体制、激励约束并举的制度体系。第三,完善农村环境治理体制,实施生态环境统一监管,编制环境保护规划,开展全国环境状况评估,建立环境保护综合监控平台。第四,推动生态文明示范创建、绿水青山就是金山银山的创新活动。

在执法主体上,环境部门作为环境管理的主要部门,必须发挥表率作用。首先应带头组织员工认真学习业务知识,努力提高整体执法素质水平,不断完善相关法规和环保政策制度, 提高执法能力。其次要做到科学执法和公正执法。在进行环境执法过程中,要严肃执法纪律、规范执法行为,真正做到公正地处理环境违法行为,提高执行力度和权威,做到对上级说真话,对下级不护短。

环保部门责任的清楚划分,有利于明确责任监管。因此必须把环保部门的职责范围划分清楚,让其各司其职,各尽其责,使环保工作得以有序合理和有效展开,使环保工作的各个环节得以实施,使责问监管变得不再困难,从而有利于环保工作更顺利地进行。

人民群众是环境保护最大的利益相关方, 应当自觉承担起环境改革的主体责任,积极配合相关部门的工作。环境权益是公民的基本权利,环境体制机制改革的最基本力量来自公众。当然,公众在生活过程中也会产生环境污染,也要努力参与污染防治与监督。因此,在环境保护制度建设中,必须充分发挥人民群众的力量,共同参与环境体制机制改革。

四、健全中国模式的法治体系

习近平强调:"只有实行最严格的制度、最严密的法治,才能为生态文明建设提供可靠保障。"

(一)建立完善环境保护的绿色法制,切实做到有法可依

《中华人民共和国环境保护法》将联合国大会确定的世界环境日写入法条中, 规定每年 6 月 5 日为环境日。明确了一切单位和个人都有保护环境的义务,公民应当增强环境保护意识,采取低碳、节俭的生活方式。同时指出各级人

民政府应当加强环境保护宣传和普及工作,鼓励基层群众性自治组织、社会组织、环境保护志愿者开展环境保护法律法规和环境保护知识的宣传,营造保护环境的良好风气。

我国目前实行的保护环境的法律法规有:《中华人民共和国环境保护法》《中华人民共和国水污染防治法》《中华人民共和国大气污染防治法》《中华人民共和国环境噪声污染防治法》《中华人民共和国放射性污染防治法》《中华人民共和国环境影响评价法》《中华人民共和国森林法》《中华人民共和国清洁生产促进法》《中华人民共和国水污染防治法实施细则》《建设项目环境保护管理条例》《排污费征收使用管理条例》《危险废物经营许可证管理办法》《医疗废物管理条例》《自然保护区条例》《环境保护行政处罚办法》等。

现有的环境法律法规体系的特点为:第一,以宪法中对环境保护的规定作为环境立法的基础。宪法中包含的环境保护法律法规主要是保护自然资源和改善生活环境及生态环境等内容,《中华人民共和国宪法》第九条规定,国家保障自然资源的合理利用,保护珍贵的动物和植物。禁止任何组织或者个人用任何手段侵占或者破坏自然资源。《中华人民共和国宪法》第二十六条规定,国家保护和改善生活环境和生态环境,防治污染和其他公害。第二,环境保护法律法规体系逐渐完善。我国关于环境保护的法律法规涉及环境保护的方方面面,在防治、保护、处罚方面都有立法。2021 年 1 月 1 日起实行的《中华人民共和国民法典》就生态环境资源保护作出了若干新规定,为美丽中国建设保驾护航。第三,新时代对环境提出了更高要求。我国人民生活质量逐渐提升,对于生态环境提出了更高的要求,人民要求建设一个富强民主文明和谐美丽的国家,因此对环境保护的法律也提出了更高要求。

改革开放以后,我国在环境保护方面的法律法规较为薄弱,以牺牲自然环境为代价带来经济的增长,但随之而来的弊端日益显现。随着全面深化改革进程的推进特别是党的十八大以来,我国更加重视环境保护,环境法律法规体系也更加健全,已成为中国特色社会主义法律体系中非常重要的组成部分。

我国现行环境法律法规仍有不足之处:一是各类环境法律法规之间不统一。要加快构建统一的环境法律法规体系。我国针对环境的立法有很多,但法规与法规之间还未达到协调。各个法规之间对于同一事件的处理方法也有不同。如《中华人民共和国水污染防治法》中规定："当事人对行政处罚决定不服的,可以在收到通知起15日内提出诉讼……"而《中华人民共和国大气污染防治法》就没有对此提出规定。二是环境保护的手段过于单一,缺乏活力。应该社会法律"两手抓",形成具有长远性的环境法律法规。我国目前环境法律法规保护的手段多以行政手段为主,命令和控制的手段有时或许适得其反,更多地需要激励和引导,可以将环境损坏赔偿制度引入法规中,将破坏环境带来的危害更多地与群众公共利益相结合,形成公民不敢更不想去破坏环境的社会氛围,使得环境保护更具有长远性。三是地方环境法律法规不够完善,过于"从众",忽略了地方特色,没有针对性地做到具体问题具体分析。中国地大物博,人口众多,各个地区地域特色明显,不能"一刀切",要让地方法规与中央总体环境法律法规体系具有差异性,更有针对性地解决各地区的环境问题。

我国制定的环境保护法,作为我国环境保护的基本法,对保护和改善生活和生态环境、建立健全环境保护法律体系都发挥了重大作用。2020年7月1日起,新修订的《中华人民共和国森林法》正式实施。2020年9月1日起,新修订的《中华人民共和国固体废物污染环境防治法》也开始施行。不仅如此,我国还针对特定污染防治领域制定了单项法律,比如《中华人民共和国水污染防治法》《中华人民共和国大气污染防治法》《中华人民共和国环境噪声污染防治法》等一系列法律,都印证了绿色法制正在不断完善。

2016年9月,中共中央办公厅、国务院办公厅印发《关于省以下环保机构监测监察执法垂直管理制度改革试点工作的指导意见》,意见指出,开展改革试点的目的是"建立健全条块结合、各司其职、权责明确、保障有力、权威高效的地方环保管理体制,确保环境监测监察执法的独立性、权威性、有效性"。从建立中央生态环境保护督察制度,到监测监察执法"垂改";从明确领导干部生态环境损害责任追究办法,到开展自然资源离任审计;从构建绿色技术创新体系,到推行绿色生活创建,近年来,生态文明体制改革全面推进,为护佑绿水青山筑牢根基。①

---

① 《用最严格制度最严密法治保护生态环境——牢固树立绿水青山就是金山银山理念述评(二)》,《人民日报》2020年8月16日。

（二）加大法律的宣传力度，提高公民的法律意识和环保意识

自国家环保局倡导宣传全民环境教育行动以来，全国各地高度重视生态文明建设问题，全民环境宣传教育活动已成为新时代下的重中之重。首先，我们应该坚持以习近平生态文明思想为指示，认真执行环保优先方针的指导思想。其次，在加强全社会的环境宣传教育中，可以从这几方面来具体实施：一是加强对各地区政府的环境宣传教育。在全民环境宣传教育行动中，政府部门扮演着最重要的且最先行的角色，进一步加强政府的环境教育可以最先让他们起到树立榜样的作用，提前感受到任务的重要性、紧迫性。政府部门树立的生态文明观、意识观会直接影响环境和发展的综合决策，加强政府部门的环境宣传教育可以提高领导部门的环保综合素养，提高其绿色决策行政水平及能力。二是全面深化学校的环境教育工作。在学校这种培育祖国未来栋梁的地方，更要重视其环境宣传教育行动的能力。无论是幼儿园，还是小学、中学、大学，除了要教授书本知识外，还要加强环境宣传教育行动。在日常教学中，可以通过张贴环保教育的公告、开展宣传环境教育知识讲座、举行践行环保义务活动等方式来加强学生对环保教育的认知。三是提高农村环境宣传教育的水平。在宣传环境教育行动中，让每个村民形成环保意识，将环保落到实处。包括村主任每天新闻广播时间口头宣传；举行村委会宣传环保教育讲座；村干部实地走访，将环保行动具体宣传到每个人身边；对于乱砍滥伐、随意焚烧的村民予以处罚等。

五、健全完善环境市场机制

我国环境保护中较为重要的问题是投入严重不足、投资效益不高和设施运营不良等。以往通常用供求机制、价格机制、竞争机制和风险机制，用政府拨款兜底的方式来进行，这不仅加剧了政府的财政压力，而且效果也不明显，难以推动环保市场化。环境问题不仅需要国家政府的力量，更要靠市场的力量，两只"大手"的合作才能有效可持续地解决环境问题。

（一）什么是市场机制

市场机制，即市场经济运行机制，指的是市场经济机制内的价格、供求、竞争、风险等要素之间互为因果、相互制约的联系和联动过程。同时，市场机制又

有一般和特殊的区别。一般市场机制是指在任何市场都存在并发生作用的市场机制,主要包括供求机制、价格机制、竞争机制和风险机制。特殊市场机制,又称具体市场机制,指的是各类市场上特定并起独特作用的市场机制,主要包括金融市场上的利率机制、外汇市场上的汇率机制、劳动力市场上的工资机制等。

环境问题得不到有效遏制的重要原因就是市场配置资源的决定性作用尚未充分发挥。我国环境保护产业空缺、潜力大,在未来必将属于一个新的经济增长点。政府政策的倾斜和积极主动推进市场化、增加对环境保护意识的宣传,都能够促使环境保护市场化进一步推进,环境保护问题也将得到解决。

(二)健全环境治理责任体系

环境治理主要有三个主体,一个是政府,一个是公民,一个是企业,三者缺一不可。作为政府要宣传环境保护的重要性,提高民众的环保意识。政府要起到领导作用,带领后两者一起去解决环境问题,对应行政区划要建立各级监督和责任体系,形成中央领导统筹、省负总责、市县落实的工作机制,并在其中发挥党的领导模范作用和党员带头模范作用。政府要将环境治理纳入公务人员考核机制中,还应建立健全监管制度,加大对企业的监管,并通过收税、债券、收费、押金等经济手段来倒逼企业减少污染的产生。政府还应该加强民众的思想精神建设,激励其主动学习环境保护的相关知识。公民应增强环境保护意识,积极支持政府出台的相关规定和法律法规,自觉履行环境保护义务。作为企业,则要遵守相关的法律法规和污染排放要求,积极响应政府出台的相关政策,并积极推进服务的绿色化、产业的环保化,提高自身处理污染的能力。

(三)健全环境治理市场体系

首先要深化自然资源资产有偿使用制度改革,推进"放管服"改革,打破地区、行业壁垒,对各类所有制企业一视同仁,平等对待并引导各类资本参与到环境治理投资、建设、运行当中。同时规范市场秩序,减少恶意竞争,防止恶意低价中标,加快形成公开透明、规范有序的环境治理市场环境。其次,明确强化环保产业支撑。加强关键环保技术产品自主创新,推动环保首台(套)重大技术装备示范应用,加快提高环保产业技术装备水平,坚定企业长期发展的信心。鼓励企业参与绿色"一带一路"建设,带动先进的环保技术、装备、产能走出去。

创新环境治理模式，积极推行"环境污染第三方治理"的治污新机制，开展园区污染防治第三方治理示范，探索开发统一规划、统一监测、统一治理的一体化服务新体系。开展小城镇环境综合治理托管服务试点，强化系统治理，实施按效付费。对于工业污染地块，鼓励采取"环境修复＋开发建设"管理模式。最后，建立健全价格收费机制。坚决落实"谁污染、谁付费"的政策导向，实现生态环境成本内部化并抑制不合理的资源消费，建立健全"污染者付费＋第三方治理"等机制。按照补偿处理成本和合理盈利原则，完善并落实污水垃圾处理收费政策。综合考虑企业和居民承受能力，坚持因地分类施策，完善差别化电价政策。①

第二节　西方国家的治理模式

人类面临着全球性环境挑战，我国要在全球环境问题和国际标准的制定过程中，成为负责任的参与者和领导者，为全球生态安全作出更多贡献。

一、主要发达国家的生态环境治理模式

西方学者对生态治理的含义进行阐释。主要有以下几种理解：一是从政治学与生态学相结合的角度，把生态与领导执政的政治视为生态政治学；二是认为生态政治是政治学与环境学的有机组合，把生态政治理解为环境政治；三是从健康政治的视角理解生态政治；四是认为生态政治是一种综合的政治理念。目前影响较大的生态政治理论主要有三种：一是健康政治学理论，它以生态学、社会责任、草根民主和非暴力四项基本原则为基础，是欧洲绿党的基本理论。二是环境安全理论，环境安全是整个城市安全问题中的基本问题。环境安全理论认为，生态环境问题是"第一位"的政治问题。解决之道是开展国际合作，使世界摆脱环境危机，这是劳工运动的一项重要而紧迫的任务。三是生态

---

① 中共中央办公厅、国务院办公厅：《关于构建现代环境治理体系的指导意见》，新华社，2020年3月3日。

学马克思主义理论，旨在将马克思主义的基本原理及批判功能与人类面临的日益严峻的生态问题相结合，寻找一种能够指导解决生态问题及人类自身发展问题的"双赢"理念。

生态文明建设已成为世界各国各个城市进步发展的战略。生态文明建设不仅要从经济、文化层面入手，也要从多方面调动城市的共同力量，在政治层面上建立强大的生态文明的政策意志。政治上的政策支持是发展生态文明建设的重要因素之一。

决策者必须在顶层设计中采取行动，制订长期的发展方案。在制定发展规划和指导目标的过程中，各方形成共同的预期，通过利益补偿机制促进和增加公共投资，通过社会补贴、减免税收、现金奖励等激励措施鼓励社会投资。只有加强绿色环保科技的研究和开发，确定进步发展重点，充分发挥优势，才能达到预期效果。

（一）美国的"绿色新政"

1."岩上之屋"

美国前总统奥巴马曾引用《圣经》中的比喻，创造了"岩石上的房子"这个短语，并阐明了美国经济的现状。美国经济就像一幢着火的房子，除了迅速摆脱困境，它还需要重新焕发活力。在美国石油短缺的情况下，必须减少对石油的依赖，发展绿色经济，以确保美国的能源安全。

2."健康新政"是系统工程

"健康新政"是联合国秘书长潘基文在 2008 年 12 月 11 日的联合国气候变化大会上提出的一个新概念，是对环境友好型政策的统称。美国为此推行了"健康新政"，它可细分为节能增效、开发创新、应对气候变化等多个方面。[①]

2009 年 2 月 13 日，美国国会参议院表决批准了总额达 7870 亿美元的美国《复苏和再投资法案》出台，这项法案中重点发展高效电池、智能电网、碳储存和碳捕获、风能和太阳能等可再生能源。同时，美国还大力推动节能汽车和健康建筑的进步发展。新能源是"健康新政"的核心，近年来占美国投资的份额

---

① 郑莹：《来自北欧的朋友：携手双"E"合作 共创健康经济》，《重庆与世界》2015 年第 9 期。

很大,未来几年美国能源产量将翻一番。为了应对气候变暖,美国通过一系列节能环保措施大力发展低碳经济,在一定程度上解决了气候变暖的问题。

尽管健康新政确实帮助美国解决了不少政治生态问题,但是也面临着很多挑战。比如各国之间的利益竞争,或者是"江山易改本性难移",美国人的习惯早已养成,短时间内难以改变,多多少少会对新政中生态的发展有所阻碍。

(二)英国的"低碳转型"计划

英国作为低碳经济的先行者,一直倡导低碳经济进步发展。进入 21 世纪以来,英国在此方面作出了许多有利可行的政策法案。例如,英国是第一个征收气候税的国家,并推出相关配套措施。2008 年,英国成为首个为温室气体减排目标立法的国家,出台了《气候变化法案》。2009 年,英国又成为首个立法约束"碳预算"的国家。计划以五年为一个周期,在 2008 年至 2022 年期间设立 3 个减排时间段,明确提出了到 2020 年减排 34%、2050 年减排 80% 的目标。[1]

2009 年 7 月 15 日,英国政府公布了《英国低碳转型计划》白皮书,这是英国第一次为温室气体减排目标立法。英国作为世界大国之一,一直在追求低碳环保,低碳就是以最低的污染为基础去实现人们需要完成的工作。在低碳环保的背景下英国提出了"低碳转型计划",其中包含的领域有以下几个。

电力行业:从现在起至 2020 年,通过完善更加环保的电力结构,实现每年减排约 50%。预计在 2020 年,电力的 40% 来自低碳能源,即 30% 来自可再生能源,10% 来自核能(包括新建的核电站)以及清洁煤。[2]英国需要在 2050 年前基本消除电力生产中的碳排放。

家庭与社区:从现在起至 2020 年,通过提高家庭房屋能效和支持小规模可再生能源,实现每年减排约 15%。这能大大降低家庭开销,因为在一个隔热效果非常差的房子里,花在供热上的每 3 英镑中就有约 1 英镑完全被浪费。

工作场所:从现在起至 2020 年,通过提高工作场所的能效,实现每年减排约 10%。2050 年前,办公室、工厂、学校和医院的碳排放需要降至接近于零。除

---

[1] 任力、华李成:《英国的"低碳转型计划"及其政策启示》,《城市观察》2010 年第 3 期。

[2] 高继然:《能源紧缺时代的我国低碳经济发展模式研究》,硕士学位论文,对外经济贸易大学,2016,第 6 页。

了能源部门之外,许多其他的新领域将创造更多就业机会和商机,以支持所有企业提高能效。[①]

交通系统:从现在起至 2020 年,使英国人的出行方式更环保,实现每年减排约 20%。2050 年前,道路和铁路交通将在很大程度上实现去碳化,航空和海运将大大提高能效。

可持续的农场与土地管理:从现在起至 2020 年,通过减少农业排放、土地使用和浪费,实现每年减排约 5%。

(三)日本的"绿色经济与社会变革"计划

2009 年 4 月 20 日,日本环境大臣齐藤铁夫公布了名为《绿色经济与社会变革》的政策草案。其主要内容涉及社会资本、消费、投资、技术革新等方面。此外,政策草案还提议实施温室气体排放权交易制和征收环境税等。该政策草案要求采取保护环境、节约能源的措施刺激经济,并且提出了实现低碳社会,实现与自然和谐共生的中长期方针。目的是通过实行削减温室气体排放等措施强化日本的"健康经济"。[②]

二、主要新兴国家的生态环境治理模式

(一)韩国的"绿色成长"国家战略

2008 年 8 月,韩国为加强应对能源、资源危机和气候变化的能力,解决温室气体减排与经济增长之间的矛盾,在可持续发展的基础上,提出了新的国家发展战略——绿色成长。在"适应气候变化,实现能源自立;创造新成长动力;改变生活质量,提升国家形象"三大战略的指导下,制定并实施了一系列政策措施。[③]从污染排放形态以及对技术的影响两方面来讲,绿色成长既是环境政策也是对一般产业技术与产业构造的经济政策。使这两项政策都能产生效果

---

① 高继然:《能源紧缺时代的我国低碳经济发展模式研究》,硕士学位论文,对外经济贸易大学,2016,第 6 页。

② 王会芝:《日韩健康经济发展实践及其启示》,《东北亚学刊》2016 年第 5 期。

③ 刘学谦、金英淑:《韩国"绿色成长战略"对中国的启示》,《经济日报》2012 年 5 月 4 日。

的链接媒介就是绿色技术。[1]"绿色成长"国家战略的提出在满足经济增长的同时还能缓解环境压力。

(二)巴西的"生物能源战略"

巴西是一个矿产资源、土地资源、深层森林资源和水资源丰富的国家,其中深层森林覆盖率高达62%。亚马孙雨林也被称为"世界之肺"。巴西丰富的水电资源支撑着该国四分之三的电力供应,其国内生物燃料供应系统也处于世界领先地位。这些因素推动巴西成为世界第七大经济体和第十大能源消费国。随着巴西继续对深海进行勘探,它已经从一个石油产量较少的国家崛起为南美第二大石油生产国,在保持能源部门完好无损的同时实现了能源自给自足。利用深海石油和天然生物燃料等能源资源参与全球能源治理,巴西的能源生态之光尽显无遗。

但是全球经济快速增长,并不断地刷新巴西石油消费,导致在巴西产生两次石油危机,巴西发生了巨大的债务危机、经济危机、社会和政治危机。巴西政府也意识到,如果能源系统只有一个,那么它将极其脆弱。巴西的能源规划要早于世界上大多数国家。1931年,巴西政府制定政策,规定在全国所有地区销售的汽油必须添加2%—5%的无水乙醇。为解决由石油危机、天然气供应而引发的能源短缺问题,巴西政府自1975年倡导"乙醇汽油计划",从可再生能源发展、石油自给、能源外交等多方面着力于解决能源短缺及能源生产所引发的环境问题。

针对巴西能源战略或政策的研究主要包括:依据能源品种剖析能源战略或政策,依据政策类型分析能源战略或政策。巴西的能源战略目标是提高能源利用率,进一步发展清洁能源,减少政府部门投资以及缩减贫富差距。因此,需要丰富现有的能源供应体系,减少进口石油,注重丰富的生态资源。所以,巴西利用自身盛产甘蔗等生物原料的独特优势,开启了"生物燃料革命"。在推进"国家生物乙醇计划"的同时,巴西进一步加快了水电开发的步伐,陆续修建了伊泰普、图库鲁伊等具有划时代意义的大型水电站。在石油危机后巴西将油气勘探开发的重点投向了海洋,并从体制机制和技术创新等方面进行了一系列

---

[1] 韩承勋:《浅析韩国低碳绿色成长基本法》,《世界环境》2016年第1期。

革新。

三、其他发展中国家生态环境治理模式的追赶之路

(一)印度

印度政府推行环保运动,大力发展非政府环保组织,加强环境管理,并开展环境外交,它将环境发展视为一个全面而彻底的有机系统,也是印度处理环境问题的主要方式。作为一个发展中国家,印度的环境污染严重阻碍了印度的经济和社会发展。印度的环境保护主义是对发展中国家工业化过程中环境保护的探索和完善,具有鲜明的地区特色。印度的环境问题归根结底是政治问题。因此,印度环境部就这一问题制定了战略计划,争取大多数有政治影响力的人支持环境保护事业,使政府在公众的监督下,优化环境管理,加强执法。

(二)俄罗斯

俄罗斯和中国一样都是生态大国和资源消费国。在全球环境保护浪潮高涨的时代,俄罗斯在这一领域的一举一动都发挥着重要作用。环境、政治和生态政策是解决俄罗斯环境问题的导向工具。在过去的十年中,俄罗斯重新定义了其处理环境安全的方法,并制定了处理环境问题的新计划。

近年来,俄罗斯政府高度重视环境保护和生态治理。出台了一系列法律法规和制度措施,探索了国内立法与国际合作相结合、生态文化与生态系统相结合、政府治理和全民治理相结合的新途径。在生态环境问题上取得了巨大成就。许多生态环境保护的法律、法规和政策不断颁布和完善。虽然在生态环境保护方面的政策法规还存在一些问题,但整体体系已经成熟。2013 年环保措施的资金是 5.08 亿卢布,在保护和合理使用土地上占 35.7%,在保护和升值股票上占 2.5%,在投资空气保护上占 1.9%,在水资源的保护上占 6.9%。[①]

---

① 万劲波、张滨翔:《俄罗斯的环境管理政策》,《北方环境》2001 年第 2 期。

第三节　引领全球治理新体系,开创环境外交工作新局面

一、中国特色社会主义生态文明建设下开展环境外交

（一）夯实环境外交

在全球环境政治和环境外交轰轰烈烈进行的时候，中国环境外交也在实践中逐步开展起来了。"环境外交"这个词汇在国际上广为使用,是从日本开始的。1972 年 6 月,在瑞典首都斯德哥尔摩召开人类环境会议,包括中国在内的 110 个国家都参与了本次大会,以此次外交活动定义为我国的环境外交开端,至今我国开展环境外交的历史已有 50 年。在这期间,我国环境外交呈现出了明显的比之前的条约更具实质性的内容, 环境外交已经在国家总体外交中占有日益重要的地位。中国环境外交在不断发展、成熟与完善。

环境外交是指各国围绕着当前热点——环境问题而展开的外交活动。在协调各国关系,处理环境越境纠纷和围绕各国资源的领土、领海争端,制定和遵守国际环境法的基本原则及有关环境问题的国际公约和协定等方面, 加强环境问题的国际合作起着重要作用。20 世纪 80 年代中后期之后,尤其是 1989 年以来,环境外交发展迅速,形成高潮。有关环境问题的国际会议的召开开始变得越来越频繁,环境问题的性质发生变化,国际环境立法活动明显加强,环境外交开始进入实质性阶段, 这些变化无一不是在证明环境外交正是现在的热点,也是我们不可忽视的重要一环。

我国作为一个世界大国、环境大国积极开展了不少环境外交,取得了一定的成就。但仍存在着不足之处,这需要我国用正确的态度面对现状,促进环境外交。

中国环境外交已形成了 "双边环境外交""地区性环境外交""多边环境外交"三个外交方面,在参与环境外交的过程中,我们与国际接轨,也积极参与国际会议中的人员培训、信息交流、联合科学研究等学术合作,参加重要的国际环境会议与立法,进行国际环境履约等。我国环境外交,还需作出新的突破与

找寻新机会。如承诺双碳目标、探寻减排新方案等,由此树立中国在全球环境治理中负责任的大国形象,寻找国际环境合作的途径,参与国际环境法的制定,积极履行国际环境公约,继续在国际舞台上发挥作用。环境外交工作对推动国内环境保护工作的开展也有着重要、积极的影响。通过环境外交,我国从国际社会中输入全新的环保意识和观念,也对中国国内环境保护工作有着深远的意义。中国环境外交和国内环境保护之间的互动已经从20世纪70年代环保意识和观念的单向输入转变为良性的双向互动。所以,在日后的工作中,应该夯实环境外交与国内基础,做好国内的环境保护,利用两者之间的积极互动关系,进一步推动两项工作的开展。

(二)坚持服务国家根本利益的最高原则

对外开展环境外交的同时,还需要注意坚持外交服务本国利益的最高原则,在关键问题上也决不妥协和退让。面对外国多次提出的节能减排等无理要求,妄图把碳排放视为政治工具,限制中国发展,我们在外交上都应给予相应的还击。如美方多次攻击中国不该再使用煤炭等燃料,如美国气候大使克里访华,就扬言中国没能担负起在污染防治上的大国责任。我们也予以了严正的抗议。

(三)继续推动多层次宽领域的环境合作

目前,全球的生态环境形势相当严峻,不同国家都存在不同程度的环境污染。随着人口增多和人们生活水平的提高,经济社会发展与资源环境的矛盾还会更加突出。

针对国际环境合作,应与国家经济、科技发展、社会发展等各个领域相结合,在不同层次上实施根本性的环境治理,并在国际上达成以人类发展为前提的共识。在中国保护环境的实践过程中,要认识到环境问题的重要性,抓其本质,在人类社会、经济发展进程之中寻找保护生态环境的最佳途径。如果单纯将环境与发展对立起来,不仅不能有效地保护环境,还会极大程度上阻碍经济发展和社会进步。

在此基础之上,国际社会在环境与发展领域中的基本共识也在不断增长。"只有一个地球""为了全人类千秋万代的共同利益""持续发展"等基本思想已被普遍接受,为开展切实有效的国际环境合作打下了良好的基础。

我们应该广泛地对外开展环境外交,加入一些国际性的环境气候保护组织,签订一些条约,就像我国已经加入了《巴黎气候协定》。这对外展现了我们对于全球气候变化问题的关心,体现了一个大国的责任和担当,与某个北美大国的各种"退群"形成鲜明的对比。同时,这也进一步体现了我们对于"人类命运共同体"这个概念的认同与践行,即我们是真正地在为全人类的未来考虑,而不是将环保作为一个口号,变成一个政治选秀、获得选票与民众支持的手段与资本。

二、促进绿色外贸产业蓬勃发展

自改革开放以来,我国在政治、经济、社会、文化等方面皆取得了历史性成就以及长足的发展。在发展过程中也相继出现了各种困难与挑战,如人口压力、能源紧缺、环境污染、技术挑战等。要改变这种状况,就要以转变经济发展方式为出发点,重视生态文明建设,确保国民经济增长与环境保护协调发展。这已经成为人们普遍关注的热点,国家也对此高度重视,党的十八届五中全会提出"创新、协调、绿色、开放、共享"的五大发展理念,开启了中国特色绿色外贸的新篇章。

在 21 世纪的今天,"绿色"不仅是一种颜色,更是"文明"和"环保"的象征。正是在这样一种普遍的"绿色流行"氛围中,包括绿色经济、绿色消费在内的各种绿色产品在全球范围内掀起了一场"革命风暴"。其中,绿色生活逐渐成为众多市民生活里的重要部分。近期,光盘行动、适度点餐、餐后打包,厉行节约、反对餐饮浪费的活动日渐深入人心;新能源汽车、小排量汽车、共享单车等为绿色出行作出了表率;越来越多的市民已经养成了自备环保袋的好习惯,为绿色环保作出了至关重要的贡献。这些绿色行动从由上至下的倡导或要求,渐渐转变成了大部分市民的自觉行动,这种节约资源绿色环保的生活及消费理念正影响并改变着越来越多市民的生活习惯,可见绿色正在成为一种消费新时尚、社会新风尚。

生态文明时代,要促进中国特色社会主义的健康发展,必须积极培育绿色外贸模式,实现经济发展与生态环境的协同进化。

（一）强化企业市场导向意识，不断扩大绿色供给

要实现绿色外贸模式的改革，必须从市场的源头——供给侧开始落实。据权威机构调查分析显示，国内每年将形成200亿元以上的绿色食品市场需求，可见人民生活水平的提高也相应带来了对绿色产品的需求。有需求就有市场，要将绿色产品的开发扩大化、替代化，并且设置一道"绿色堡垒"，最大限度地提高产品的安全性能，增强市场导向意识，不断扩大绿色供应。把供给侧的"绿化"行动放在绿色外贸模式培育的重要战略地位，推动绿色供给与绿色发展的有机衔接。

企业如果只考虑降低成本以求盈利，将大量的非绿色产品投放到市场中去，有关政府部门就应当采取一定的措施，例如创新和强化事中事后监管，实行"双随机、一公开"，加大市场监督执法力度，严厉打击虚假标识等违法行为，营造公平竞争的绿色产品市场环境。将违法违规企业或个人纳入全国信用信息共享平台，在"信用中国"网站公开。政府可以将一部分生产合格产品的企业在网站中公开，并且给予一定的奖励，为此鼓励其他企业向其学习。就现在的环境而言，绿色消费是绿色营销产生和发展的基础。随着我国消费者环境保护意识日益增强，绿色产品消费成为新的消费热点，人们的消费观念也有了一些改变，这对企业、个体营销提出了新要求、新标准。新机遇意味着新挑战，企业应大力开发绿色产品，树立企业绿色形象，制定合理绿色价格，促进绿色知识普及，注重绿色营销人才培养，从而提高绿色营销的能力和水平。

（二）完善政府公共服务体系建设，正确引导绿色消费

有市场就有消费，但绿色消费的实现还要依靠政府公共服务体系的建设与落实。教育是兴国之本；文化是人民的精神，民族的血脉。绿色文化的普及也是引导绿色消费的必要部分，它可以使消费者有绿色消费意识和行为的自觉性。在学校开展绿色消费教育课程，在家庭形成绿色消费氛围，企业要树立绿色生产观，政府要强化责任意识，营造良好的绿色消费环境并积极向群众宣传绿色消费的益处。充分动员社会各阶层参与绿色消费模式的培育，激励其广泛参与整个培育过程，从而加快绿色发展的速度。

要完善政府公共服务体系建设，就要建立并推行绿色产品市场占有率统计报表制度，精确实施各地区推广绿色产品的绩效评价，并对其进行奖励。完

善绿色产品标准管理体系,加快制订修订相关标准,改善实施相关政策措施。扩大实施范围,因地制宜,创新"领跑者"和相关技术标准的衔接机制。加大财税激励力度,加强绿色债券、基金、信贷等金融扶持,提高产业生存能力和发展能力。

引导人们进行合理的绿色消费。首先要加大宣传力度。对绿色消费习惯进行全国宣传,加强开展绿色产品科普活动,如开展全国低碳日、环境日等主题宣传教育等活动,强调绿色消费的重要性以及对环境的好处,让全民自觉使用可多次循环的包装袋购物,减少"白色垃圾"的使用频率。其次开展新闻、报纸、网络媒体公益宣传,选择不同的宣传场所,如学校、街道、超市、社区等。报道好的经验做法,以供人们参考学习。加强舆论监督,营造绿色消费良好社会氛围,让全国人民都参与进来。

(三)严格规范市场秩序,加大绿色消费保护力度

发展绿色消费的道路上还存在着不少问题,比如:产品质量不高,达不到绿色产品标准;打着"绿色产品"的招牌,却售卖"非绿色产品"等。没有绿色产品何谈绿色消费之说,不仅要扩大绿色供给,还要严格监测产品是否真的"绿色"。因此,对生产销售企业的规范要求成为培育绿色消费的重要环节。

生产经营单位是实现绿色消费目标的重中之重。只有制造商生产绿色产品,企业销售绿色产品,消费者才能买到真正的绿色产品。否则,绿色消费就只是无根之木,无源之水。对生产企业和销售企业最低的要求就是生产和销售绿色产品。要培育绿色消费模式,就必须严格规范市场秩序,提高生产销售企业绿色消费的责任意识,发挥基础作用,实现源头全面"绿化"。

(四)培育积极的绿色消费模式,规范市场中的不合理秩序

绿色消费作为我国的一种创新型发展理念,应当确保避免市场中一些不文明行为的发生。同时为了规范好市场的秩序,我们应当正确处理市场与人们消费行为观念的差异,还要不定期地加大对市场的检查力度,将市场与企业结合起来,加大对市场的保护力度。

要规范好市场中个人与市场的关系,将提高绿色产品供给质量放在首要位置,作为主攻方向。在积极实施创新驱动政策的同时,要规范市场运行,改善政策措施。加快构建以市场导向为核心的绿色技术创新体系,鼓励企业加大绿

色产品研发、设计和制造投入力度，健全生产者责任延伸制度等。

就现阶段而言，我国绿色产品消费取得了不错的成绩。同时大众绿色产品知识不足、绿色消费意识不强还是普遍问题。产业有效供给和需求不足、市场运行不规范、政策措施不完善等问题也有待解决。因此，教育一定要跟上，加强全民绿色环保理念，倡导消费者有意识购买环保商品，自觉抵制重污染或者不可回收的消费产品。严格遵守习近平总书记提出的"绿水青山就是金山银山"的理念。严格按照高质量发展的要求，不断加快建立绿色生产和消费的法律制度，加大激励力度和引导绿色产品消费。在不断满足人民日益增长的需求的同时构建优美生态环境，推动实现更高质量、更有效率、更加公平、更可持续的发展。

我国要同许多周边国家建立正确的外交关系，正确搞好外交，我国才能在接下来的新时代中得以生存和发展。并且就国与国之间的关系而言，进行正确的外交才是国家发展壮大的前提。我国要与众多国家建立良好的外交关系，就要夯实我国的基础，并且一个国家在世界中的形象也是进行外交的基础。不同国家之间的外交是为了让自己的国家变得更好，这样的外交才能够得到有效的利用。

在国家互相外交之中，我们可以得到对方的信任，并且真诚的外交是国与国之间的相互保障，同时在外交关系的基础上，我们应当同诸多国家进行有效的访问，并且能够得到对方的信任，这是国与国之间的重要保障。

环境外交也好，整个国家外交也好，不是表面工作。在保护环境的同时要争取最大的国家根本利益。在意识形态上，东方与西方是两个阵营。我们不能寄希望于利用环保事业改善中国的国际形象，中国的国际形象靠的是国家的综合国力。同时在环保事业上要避免外部势力利用环保来达到别的目的。其中最为根本的是怎样用国家的硬实力去争取更多的环境资源和利益。为了做到以上要求，我们要和发展中国家同心协力，一起渡过难关，一起分享成果。

环境领域国际合作的目的是为了引进资金、引进技术、引进先进的管理技术，从而促进我国环保事业的发展。保护环境不仅是我国的基本国策，而且是可持续发展的重要组成部分，是全国人民共同的希冀，都希望在环保事业中贡献自己的一份力量。不仅如此，我国还积极组织参加国际环境外交活动，组织志愿者出谋划策，为环保事业贡献自己的一份力量。但是环境外交中既有合作又有斗争，不同的国家因为政策和观念不同，保护环境的方式也会有所不同。我国在一般的国际环境合作中，不仅要齐心协力，还要维护我国和其他发展中国家的发展权和环境权。

第八章　中国之治的动力机制及理论研究

第一节　中国之治的动力机制分析

生态文明建设是社会主义建设的重要组成部分之一，中国特色社会主义制度是生态文明的根本基础，只有坚守社会主义制度，才能推动和建设生态文明，达到人类真正的永续存在和发展。生态文明的中国之治，要加大对环境的保护，树立牢固的生态文明观念，才能使国家向着高层次发展。

一、中国之治下的社会制度是生态文明建设的基本前提

（一）社会主义制度与生态文明高度吻合

社会主义制度是符合整体主义世界观和系统综合方法论的基本要求，是一种建设性、整合性的社会制度，所以同生态文明具有最高程度的吻合。在生产资料公有制中，所有的劳动者都是生产资料的主人，也是劳动产品的主人；而生产资料来自大自然，劳动产品是劳动者集体的创造物，劳动者简单消费、节约使用也是对自己劳动成果的珍惜和尊重。恩格斯说："生产资料的社会占有，不仅会消除生产的现存的人为障碍，而且还会消除生产力和产品的明显的浪费和破坏，这种浪费和破坏在目前是生产的不可分离的伴侣，并且在危机时期达到顶点。"只有社会主义制度才会使当代人慎用资源、珍爱环境，也才能给后人留下充足的发展空间，这也正是生态文明建设所追求的目标。

（二）社会主义按劳分配是生态文明建设的基础

社会主义实行的是公有制与按劳分配，这是在全体社会成员中推动共同富裕而体现的，从此解决了贫富悬殊、两极分化的社会经济根源。社会主义消除了贫富的分化，实现了公平分配，消灭了三大差别，最后才能实现人与人之

间的和谐,刚好是实现人与自然和谐关系的社会基础和中介保障。共同富裕、公平分配是生态文明建设的必要基础;没有共同富裕和公平分配,生态文明便不可能成为现实。然而建立在公有制和按劳分配基础上的社会主义制度,是天然的能够激励和造成"资源节约型社会"和"环境友好型社会"的制度体系,符合可持续发展的要求,和生态文明的本质与建设规律相一致,因此是一种比资本主义制度更具有不可比拟的优越性的生态文明制度。社会主义制度不仅体现生态文明的整体性特质,也符合其整体主义世界观和系统综合方法论的要求,是一种人性化的、真正以人为本的、能够促成人与自然和谐共荣的社会制度。生态文明本质上属于社会主义文明,没有社会主义就没有生态文明,没有生态文明,社会主义也便不合格、不成熟,也便不能导向这样的理想社会,在那里,"社会是人同自然界的完成了的本质的统一,是自然界的真正复活,是人的实现了的自然主义和自然界的实现了的人道主义"①。

二、中国之治下经济体制是生态文明建设的物质基础

人们一旦追求实现利益最大化,很容易被蒙蔽双眼,就会在实现利益最大化的过程中忽略生态环境的建设,对生态环境造成很大的伤害。如此恶性循环下去,势必对我们的家园造成毁灭性的伤害。因此,生态文明建设必须要有经济体制的运行,以及切合实际的贯彻落实。要想建成生态文明,务必要落实经济,从经济上解决生态问题,生态文明建设的实行离不开经济,在实施、落实上必须要有经济的支撑,而采取建立污水处理厂、固体废品改造厂等改善环境的措施必须投入大量的人力财力。因此,加大对生态文明经济制度宣传是落实的重点。

生态文明建设下的经济体制是生态与经济并行发展的现代化经济体制,是在可持续发展的经济状态下,为了改变以前经济体制的缺陷和弊端,而建立的比较符合生态文明发展观要求的经济体制,能够实现生态环境与经济社会相互协调、可持续发展。

发挥政府的作用,制订相关可以执行实施的管理方案,引导人民实施,在

---

① 《马克思恩格斯全集第 42 卷》,人民出版社,1979。

实施过程中发现问题,解决问题,至关重要。政府也是连接国家与人民的重要桥梁,是人民与国家政策实施的牵引。必须从政府出发强制实施才能更好地开展经济建设。落实到当地的每一项经济业务,必须把生态文明建设纳入当地经济考核办法中去,成为一项重要的考核指标,不断去完善制度,更新制度。

生态文明建设融入经济建设中并非一件容易的事,也并非一朝一夕能够完成的,需要国家及人民长期不懈奋斗才能产生良好的社会效益。人们必须在实现利益最大化的基础上考虑对生态环境的影响,实行全民行动,每个公民理应树立正确的生态经济观念、正确的环境保护意识,从而真正实现人与自然和谐发展。

中国之治下的经济体制是生态文明建设的物质基础,我国的经济发展中包含了生态文明建设。以往的经济发展注重的是财富的积累,如今的经济发展大方向是在满足人民日常所需之后,还要满足人民精神的需求。在保护环境的基础上,兼顾物质与精神的发展。我国经济体制与生态文明建设要求相互统一,不仅仅是满足人民对产品以及服务多元化的要求,更要以最低成本投入来获得最大的经济收益,同时还要保护环境,尽可能减少资源浪费,做到真正的可持续发展。经济体制为生态文明建设提供了必备的物质支持。现在,经济发展的内核就是技术创新,可以以最小的成本来实现最大的回报。技术的创新,使资源投入减少,提升资源利用率,更使得生产产品对环境的污染减少,随着经济技术的发展,环境治理效果、效率也会提升,这就是技术的支持。

党的十八大以来,生态文明建设被写入"五位一体"战略布局中,得到了前所未有的重视。在新时代背景下,我国生态文明建设展现出了一些新的特点,这决定了党和政府要继续重视生态文明建设,加大力度培养公民的生态文明意识,努力走向社会主义生态文明的新时代。人类必须有物质生活、精神生活,但也决不能缺少生态需求。人类的这三种需求是密不可分的,因此,政治生态下的需求是生态文明建设的内在动力。我国社会主要矛盾已经发生变化,由人民日益增长的物质文化需要同落后的社会生产之间的矛盾转变为人民日益增长的美好生活需要和不平衡不充分的发展之间的矛盾。随着基本国情与社会主要矛盾的变化,人民的需求也随之发生了变化,老百姓在物质得到满足的前提下,对其他方面有了更高需求,期盼居住条件更加舒适且环境优美。以前人们关注的大多是温饱问题，现在更多地关注健康、绿色、生态等方面的问题，需求有了很大的改变。只有当人们的需求不断提高，对生态文明的建设才会重视起来。环境就是民生，青山就是美丽，蓝天也是幸福。绿水青山就是金山银山。虽然人们的生活水平已经提高了，但是资源的利用、工业的进步、生活垃圾的增加等加剧了空气污染，人们对空气质量的需求也会增加。因此，应当大力推进绿色发展、循环发展、低碳发展，注重经济发展与生态保护和谐共进，积极发展节能产业，推广高效节能产品；加快发展资源循环利用产业，推动矿产资源和固体废弃物综合利用；大力发展环保产业，壮大可再生能源规模。一系列的新型产业出现，加快转变经济发展方式，有助于深化供给侧结构性改革，推动产业优化升级，鼓励绿色低碳，发展共享经济，需求的提高能够促进经济发展，经济发展离不开需求。

建设生态文明是一场涉及生产方式、生活方式、思维方式和价值观念的革命性变革。[①]我国生态文明之所以得到党和政府的高度重视，是因为生态环境已经不容乐观，需要立刻保护起来，保护我们共同的家园。随着生活质量的提高，以往的需求已经不足以跟上现在的生活，对生产生活的质量要求越来越高，因此我们要把生态文明建设融入经济建设、政治建设、文化建设、社会建设各个方面和全过程，努力推动生态文明建设，政治生态论下的需求就是生态文明建设的内在动力。

三、中国之治下的政策保证是生态文明建设的重要条件

以毛泽东同志为代表的第一代中央领导集体创建并成立了新中国，提出了三大改造，我国快速进入了大规模的社会主义建设时期。要把一个落后的农业国快速建成一个先进的工业国，这个任务是非常艰巨的。在当时新中国不稳定又不平衡的经济背景下，又处于生产资料匮乏的年代，如何利用当时的环境结合当时的劳动力发展生产是一个非常首要的任务。

我国拥有 5 亿多的农业人口，让农民吃饱了饭，才有当时政权的稳定和发

[①] 边红枫：《生产方式文明是生态文明建设的重要内容》，《资源节约与环保》2013 年第 1 期。

展。农民的基数庞大,发展当时的农业极其困难,所以毛泽东同志进行了土地制度的彻底改革并且解决了土地问题,适应了当时落后的生产力,受到了广大农民的认可,使每个农民有了土地,能够解决自己的温饱问题,还能够贡献自己的力量,极大地改善了中国粮食短缺的问题。

所有的发展中国家都有自己的环境发展问题,在发展过程中如何不破坏脆弱的生态环境是一个极其困难的问题。人类生产活动是改造自然的活动,经济工作必须处理好人与自然的关系。毛泽东深刻指出:"如果对自然界没有认识,或者认识不清楚,就会碰钉子,自然界就会处罚我们,会抵抗。"①经济生产工作要做好人与自然的关系,要有计划地生产,建设一个落后的国家必须勤俭节约,要充分利用好一切资源,尽可能地改善、提高劳动生产力。必须将农业、轻工业、重工业的关系处理好,利用和发展沿海的老工业,先使沿海的地区发展起来然后再带动内地发展,所以毛泽东同志提出的新民主主义的纲领是符合当时的国情的。

水利建设是发展国民经济和治理灾害的重要工程。新中国成立初期,我国的水利设施极其薄弱,水旱灾害发生频繁,人民苦不堪言。1963 年 8 月,河北省中南部连降特大暴雨,洪水泛滥,101 个县、市的 5300 余万亩土地被淹,形成了新中国成立以来最严重的灾害。1963 年 11 月,毛泽东同志为抗洪救灾展题词:"一定要根治海河。"在毛泽东同志的号召下,经党中央、国务院认真研究,中央政府成立了由周恩来同志、李先念同志牵头的根治海河领导小组,组织京津冀鲁人民开展了群众性的根治海河运动。从 1965 年开始至 20 世纪 80 年代初,经过了 16 年连续施工,海河流域初步形成了完整的防洪、排涝体系,海河旧貌换新颜。②通过一系列的河流治理措施,新中国的河流流域变得更加稳定、清澈,人民能够依靠河流进行一定的生产生活,能够利用河水进行庄稼灌溉,洪涝灾害逐步减少,国家河流生态建设稳步提高。

以毛泽东为首的第一代领导集体非常重视林业建设,毛泽东同志提出了

---

① 毛泽东:《毛泽东文集:第 8 卷》,人民出版社,1999,第 72 页。

② 黄承梁:《中国共产党领导新中国 70 年生态文明建设历程》,《党的文献》2019 年第 5 期。

"绿化祖国"的伟大号召,形成了一系列的科学有效的思想,并将这些思想落实到地方,开展了大规模的植树活动,大力提高了新中国的绿化率。

1958年8月,毛泽东同志在北戴河召开的中共中央政治局扩大会议上说,"要使我们祖国的河山全部绿化起来,要达到园林化,到处都很美丽,自然面貌要改变过来"[①]。一定要发展好农、牧、林之间的关系,将它们放在一个同等的平面上,相互发展、相互依赖,农、林、牧三者密不可分。显然毛泽东同志已经深刻地意识到了人与自然的和谐相处是中国人民能够快速发展社会生产力的必要条件。

1978年改革开放后,中国经济飞速发展,许多地方的经济政策也出现了转变,经济指标成了考核官员政绩的一项重要指标。许多当地官员一味追求GDP的高速发展,只为自己的政绩能够更加出彩而忽视生态环境的保护,导致近年来生态环境不断恶化,水土流失、全球变暖都是生态给我们的警告。有的地方政府为了促进当地的经济发展,降低成本,大力引进污染严重的公司,有的甚至为了降低税收,对于企业污染环境的行为睁一只眼闭一只眼,这种破坏环境的行为造成了极大的影响。

我们在生态文明建设中缺乏经济政策保障机制,导致了经济利益分配不均的问题。没有政策的保障,少数企业往山坡、河流倾倒工业垃圾而没有付出任何成本,保护环境显得异常艰难。政府应制定相应的经济政策,规定企业的排污量、治理成本、违规成本及鼓励企业转型为新兴企业,从而减少污染、节约资源,促进生态文明建设。在社会的不断发展过程中我国生态环境问题也变得越发严重,同时这个问题也成为人民关注的热点。生态文明建设不同于传统意义上的污染控制和生态恢复,而是克服工业文明弊端,探索资源节约型、环境友好型发展道路的过程。[②]

习近平总书记提出保护生态环境必须依靠制度、依靠法治。只有实行最严

---

① 黄承梁:《中国共产党领导新中国70年生态文明建设历程》,《党的文献》2019年第5期。

② 苏晓慧:《改革开放以来中国共产党生态文明建设理论研究》,硕士学位论文,南京师范大学,2016,第32页。

格的制度、最严密的法治，才能为生态文明建设提供可靠保障。自从改革开放以来，我国的环境保护工作逐步加强、稳定发展。在全国人大五届一次会议上，第一次在《中华人民共和国宪法》中对环境保护作出明确的规定，为之后完善环境保护制度奠定了基础。五届人大常委会第十一次会议批准和颁布了新中国成立以来第一部综合性的环境保护基本法——《中华人民共和国环境保护法（试行）》，把我国环境保护方面的基本方针、任务和政策，用法律的形式确定下来，标志着我国环境保护事业逐步走上法制轨道，也标志着我国的环境法制体系开始建立。第二次全国环境保护工作会议提出了"32字方针"，这是我国对环境保护制定的一个重要方针。这次会议对环境问题的严重性有了更深的认识，并提上了工作议程，成立了保护环境领导小组，上行下效，有序进行。

近几年，中国已经由高速发展转向高质量发展，高质量发展不再仅仅是指简单的经济增长，而是在追求经济发展的同时推动绿色发展，形成了绿色发展理念。该理念满足了时代发展的阶段需求，顺应世界发展趋势。习近平总书记明确指出："我们既要绿水青山，也要金山银山。宁要绿水青山，不要金山银山，而且绿水青山就是金山银山。"这既是向世界发出了"绿色治理"的铿锵之音，展现了中国的大国担当，也是在推动绿色发展理念过程中发挥"指挥棒""红绿灯"的作用。但是只有完整的理论与制度体系是远远不够的，推进生态文明建设还需要全民的学习、理解以及参与，要通过生活宣传、教育等提高公民环保意识。

党的十八大以来，以习近平同志为核心的党中央高度重视社会主义生态发展，坚持把生态文明建设作为统筹推进"五位一体"总体布局和协调推进"四个全面"战略布局的重要内容，把生态文明建设融入经济建设、政治建设、文化建设和社会建设的各方面。而面对世界环境污染、恶化等各方面问题，生态环境建设绝不只是单个国家的事情，而是要全世界各国、各政府携手保护全球生态环境系统。

习近平在2014年荷兰海牙核安全峰会上讲道："我们要秉持为发展求安全、以安全促发展的理念，让发展和安全两个目标有机融合，使各国政府和核能企业认识到，任何以牺牲安全为代价的核能发展都难以持续，都不是真正的发展。只有采取切实举措,才能真正管控风险;只有实现安全保障,核能才能持续发展。"中国正在大力推动生态文明建设,并不断呼吁国际社会对生态文明建设的重视,推动各国达成统一理念,共同保卫地球环境。地球是我们共同的家园,也是我们唯一能够生存的星球,经过数百年的不断开采,地球上的资源已经枯竭,环境已被污染,提倡可持续发展理念刻不容缓。

党的十八大提出了构建"人类命运共同体",这是中国推动世界经济健康发展、保护世界生态环境、促进世界文化交流的责任体现,而中国也会一直坚持这样的发展原则。我们要坚持同舟共济、权责共担,携手应对气候变化、能源资源安全、网络安全、重大自然灾害等日益增多的全球性问题,共同呵护人类赖以生存的地球家园。

在新时代背景之下,中国生态文明建设要想有序实施,首先,一定要加强对生态文明建设工作的重视,真正将生态文明建设作为我党及各级政府长时间坚持的一项重要事业,将生态文明建设有效地纳入顶层设计之中,同时结合实际来对相关法律体系进行完善,真正落实生态文明建设,为这项工作的推进与落实提供良好的法律保障。其次,在建设过程中还需要加大对生态文明建设的监管与惩罚力度,对于造成生态破坏以及污染的现象一定要加强惩处。同时将生态文明建设工作及时地纳入地方政绩考核体系之中,这样就能进一步提高各级政府工作的积极性与主动性,促进这项工作的有序实施。

节约资源和保护环境是我国的基本国策,制定其他各项经济社会政策、编制各类规划、推动各项工作都必须遵循。节约优先、保护优先、自然恢复为主,就是要在资源开发和利用中,把节约资源放在首位;在环保工作中,把预防为主、源头治理放在首位;在生态系统保护和修复中,把利用自然力修复生态系统放在首位。①

生态文明虽然主要针对的是生态领域,但是它直接联系到我国的政策领域。加强生态文明建设,保障良好的生态环境,有利于政治的稳定和政治的发展,加快社会主义民主法制的进程。生态文明建设和政治不是独立存在发展的,它们是相辅相成的。所以说生态文明建设为政治稳定和政治发展提供生态

---

① 张玉秀:《大力推进生态文明建设》,《卷宗》2013 年第 12 期。

基础,为政治建设提供丰富的生态滋养。而中国治理体系下的政策保证是生态文明建设的重要条件。党及各级政府重视生态文明,这就要求我们必须树立正确的发展观和生态观,把生态文明建设作为一项重要任务。各级政府发挥领导作用,以身作则,保护生态环境,积极调动人民群众自觉进行生态环境的保护,互相监督,创造一个良好的生态环境。

第二节　中国之治的要素及优势分析

进入 21 世纪以来,越来越多的人开始认识到生态环境问题的严峻性。人不仅仅是社会中的人,同时还是自然中的人,人不仅仅追求社会的发展,还要追求与自然和谐相处。

一、生态文明的中国之治的基本要素

(一)环境要素与生态要素

随着经济全球化的到来,环境问题日渐突出,全球变暖、酸雨、淡水危机等环境问题的解决已经刻不容缓。在很长一段时间内,各类资源的开发利用,推动了人类社会的进步,但同时也给人类社会甚至自然环境带来了巨大的污染。人对自然资源的过度开发和利用,过度破坏生态,最终反而会伤及人类自身。人类赖以生存的地球上,环境的不断恶化限制了人类的发展和前进,给人类带来了无法挽回的恶果。人类社会环境的发展演进受到自然环境的制约,而人类社会环境的变化也会影响自然环境,这是一个双向的影响。社会的生态发展,可以推动人们生活方式的革新,通过人的改变,可以进一步推动生态的可持续发展。

(二)国家宏观政策要素

从国家层面上来说,面对资源约束趋紧、环境污染严重、生态系统退化的严峻形势,将环保提升到国家意志层面,融入国家经济社会发展全局,可以更好地解决社会发展所带来的生态环境问题。在 20 世纪 80 年代初,我们就把保护环境作为基本国策。进入 21 世纪,又把节约资源作为基本国策。①党的十八大报告提出了"大力推进生态文明建设",走可持续发展道路,实现中华民族永续发展。习近平同志在党的十九大报告中指出,加快生态文明体制改革,建设美丽中国。

人是社会中的人,同时也是自然中的人,在社会中,用国家制度来约束、管理人对待自然方面的行为,同时也会因为自然环境的改善,反作用于国家的发展,推动社会的进步。

(三)地方政府作为要素

改革开放后,为了促进经济发展,有些地方政府为了提高经济效益而忽视了社会效益,选择性忽视过度开发导致的浪费资源,从而破坏了当地生态。中央提出生态文明建设后,各级政府积极响应,作为基层最前线,地方政府在政治生态中发挥的作用十分重要。国家宏观政策的传达、执行、落实,离不开这些基层政府。发展生态产业,地方政府可以大力支持和扶持生态农业建设,对于土地荒漠化地区等,实施退耕还林、还草,协调经济与社会,实现可持续发展,促进人与自然和谐共处的同时带动经济的发展,提高相关地方生态产业的经济效益;对于污染企业,政府可以提高税率,引导企业向绿色生态方面转型升级,用政府的力量,减少企业对生态的破坏。

(四)企业战略与结构要素

随着社会的进步和生产力的发展,企业开始转变发展战略,响应国家政策,发展高新技术以满足社会发展的需要。同时,对于社会需求的变化,企业从低质量向高质量发展,从资源损耗型向高新技术型发展,发展可再生能源,利用更环保的能源,大力发展新能源技术,这是企业结构升级的必经之路。更加环保的生产已经是大势所趋,企业顺应世界潮流,开发新能源,减少能源浪费,发展循环经济,在增加企业经济效益的同时,也兼顾社会效益,更好地做到社会效益与经济效益的统一。

---

① 习近平:《绿水青山就是金山银山——关于大力推进生态文明建设》,载《习近平总书记系列重要讲话读本(2016 年版)》。

(五)机遇要素

首先是伦理价值观的转变。西方传统哲学认为,只有人是主体,生命和自然界是人的对象;因而只有人有价值,其他生命和自然界没有价值。无论是马克思主义的人道主义,还是中国传统文化的天人合一,还是西方的可持续发展,都说明生态文明是一个人性与生态性全面统一的社会形态。这种统一不是人性服从于生态性,也不是生态性服从于人性,以人为本的生态和谐原则即是每个人全面发展的前提。①其次是生产和生活方式的转变。工业时代,从原材料的挖掘生产到使用完之后的废弃物,都不是循环利用的,而是简单的单向消费,用资源的堆砌消耗来带动经济的增长。现在随着生产方式和生活方式的转变,企业不再局限于用资源的高消耗来实现企业的经济效益,而是用更循环、更高效的资源来拉动企业的发展,同时人们不再需求低质量的资源消耗品,更多地开始讲求经济实惠和高质量的生态产品,讲究适度消费。从物质追求到精神和文化的享受,更进一步带动循环经济的发展。

二、政治生态论的优势理论

(一)制度优势

我国以公有制为主体的社会主义经济制度满足了人民群众日益增长的物质文化需求,实现了多种效益的统一,为我国之后的政治生态发展打下了坚实的社会制度前提。在这之前,马克思和恩格斯已经对生态环境有过调查和研究,在人与自然的物质交换、自然资源的循环利用等多方面进行了阐述,并提醒我们要以自然生态平衡为先,尊重和顺应自然生态。

资本主义国家先一步迎来工业革命,大力发展工业却忽视政治生态问题,首先实现了经济发展,与此同时出现了各种高污染、高排放;发达国家及发达地区通过先发优势诱发了全球生态环境问题,比如利用世界较落后的经济困难国家设立"垃圾场"、以低报酬换取其他国家的资源。而社会主义制度是以马克思主义为指导的社会制度,很大程度上实现了人与自然的协调和平衡,合理地协调消费者(人类)与自然的物质交换,在科学的调整状态下,彻底解决生态

---

① 潘岳:《论社会主义生态文明》,《绿叶》2006年第10期。

问题、消灭两极分化、实现和谐进步、实现可持续发展。由此可见,要实现最终的人与自然和谐发展,社会主义制度是必要路径。

(二)主体优势

政治生态以和谐发展为主,科学地协调社会这个大环境,其本身的目的在于弱化污染力度,改善生态问题,彻底地解决生态问题,实现文明生态和可持续发展。目前,政治生态思想的发展影响着人类的行为,更影响着各国领导人的执政理念和发展理念。我国很早之前就已经大力提倡绿色生态、循环利用,生态文明建设是中国特色社会主义事业的重要组成部分, 关系到 "两个一百年"的奋斗目标和中华民族伟大复兴。[①]如今,越来越多的国家和地区也意识到生态的重要性,投入到生态建设的大潮流中。一部人类文明的发展史,就是一部人与自然的关系史,自然生态的变迁决定着人类文明的兴衰更替。[②]生态环境的改善和保障,为人类提供了更绿色、更健康的生活环境,合理地利用资源能使其保持良好的生态循环, 为未来人类提供优良的政治生态机制和生态资源。大力发展政治生态让人类如今的生存环境得到改善,也能够达到"前人种树,后人乘凉"的优良效益。其形成的可持续发展状态可让科学、经济、政治在发展的同时使生态环境得到不断优化,为后人提供良好的可持续发展环境,也为后人留下宝贵的经验。

(三)政治优势

党的十八大提出了经济建设、文化建设、社会建设、政治建设和生态文明建设,其中将生态文明建设放在突出地位。党的十八大以来,习近平通过治国理政的过程中积累的实践经验形成了习近平生态文明思想,它是生态文明建设中的重要指导思想。在习近平生态文明思想的指引下,在中国共产党的带领下,迅速激起中国人民生态文明建设的积极性和主动性,使人民群众自觉认可和加入生态建设中,提高了人民的自觉性,着力解决了众多不良的生态问题。

人类社会是自然的一部分,但人类对自然生态有着绝对的影响力,然而人

---

① 《中共中央国务院关于加快推进生态文明建设的意见》,2015 年 4 月 25 日。
② 王丹:《生态兴则文明兴,生态衰则人民衰》,《光明日报》2015 年 5 月 8 日。

类离不开自然生态,如政治、经济、科技、文化,不论哪个都与自然生态有着密不可分的联系,更不必说人类也依存于自然。组织、国家以及整个社会想要和谐发展必将依赖于政治生态,在不断的改善中,实现政治、经济、生态的和谐统一,这是社会发展的必要路径。

第三节　中国之治的启示和急需解决的问题

一、中国之治的启示

近现代工业文明给我们带来了巨大的物质享受,同时也引发了一系列的环境问题,甚至是全球性的生态危机,各国也因此开始了政治生态化的发展,政治生态是我们科学衡量国家政治发展环境和自然生态发展现状的重要标尺。[1]全球都在积极寻求经济发展和生态环境之间的对立平衡,我们只有与生态共存,才能与时代同行,以中国治理模式来维护绿水青山的环境生态。

(一)环境投资是扩大就业和刺激经济增长的新引擎

经济增长是衡量某个国家或地区总体经济发展潜力的重要指标,然而自然环境是决定经济增长的必然因素之一。

近年来,经济高速发展的同时忽略了对生态环境的重视,导致对某些地方的生态环境造成了严重冲击。随着我国工业化发展程度的不断提高,工业大气污染物大量排放,环境的综合承载能力不断超载,造成十分严重的工业大气污染。森林资源的不合理利用开发,导致森林生态环境遭到了各种严重破坏,并造成森林植被破坏、水土资源流失和山区土地过度沙化等不良影响。生态环境的日益严重恶化,对整个人类自然生存环境和社会经济的健康可持续发展都构成了严重威胁。因此,为了国民经济的长远健康发展,我们要时刻关注自然环境的污染情况,并对现有污染严重的一些产业或者行业进行投资升级。对地区生态环境建设进行重大投资,是促进经济社会可持续发展的必要条件,也是

---

[1] 崔伟玲:《习近平政治生态理论探析》,《时代报告(学术版)》,2019 年第 9 期。

不断扩大社会就业和投资刺激国民经济持续增长的新引擎。

生态环境保护和经济发展,是社会经济发展过程不可或缺的两个环节,两者之间虽然看似矛盾重重,但是完全可以寻找达到双赢的解决方法,比如说环保项目的投资。环保产业投入对我国经济社会会产生重大影响,如带动国民经济收入增长、就业收入增长、税收收入增加等,这些都是环保产业投入的主要社会效益。

(二)生态发展是全球经济转型的未来方向

面对全球日益严重的生态环境问题,如何更好地为全球的资源节约型发展实践提供思路,更好地开展全球可持续发展经济建设,更好地建设社会主义和谐社会,成了我们需要刻苦钻研的新课题。要解决这些问题,我们需要建设更完善的法律保障机制、推动科学技术的进步与创新,以及寻求更符合现今国情的发展模式。

第一,发展新科学技术,创建资源节约型经济体系。

经济的快速健康发展使我国对主要资源地区能源的巨大需求日益扩大,而目前我国仍然面临严重的主要资源地区能源供应不足的问题。这就要求我们以提高自然资源保护效益为基本前提,加快发展绿色循环经济、实施清洁污染生产、增强环保绿色产业,加快发展绿色生态节约型经济体系,开发和研究推广各种节约、替代、循环高效利用自然资源和有效治理环境污染的先进循环适用技术,发展清洁再生能源和非可再生能源,建设一套科学合理的清洁能源资源循环利用管理模式,提高清洁能源资源循环利用效率。

第二,走生态经济化与经济生态化相结合的道路。

走生态经济化与经济生态化相结合的道路,这是一个明智可行的经济发展战略模式。要以习近平新时代中国特色社会主义思想为指导,全面贯彻党的十九大和十九届二中、三中、四中、五中、六中全会精神,深入贯彻习近平生态文明思想,立足新发展阶段,贯彻新发展理念,构建新发展格局,坚持系统观念,处理好发展和减排、整体和局部、短期和中长期的关系,把碳达峰、碳中和纳入经济社会发展全局,以经济社会发展全面绿色转型为引领,以能源绿色低碳发展为关键,加快形成节约资源和保护环境的产业结构、生产方式、生活方式、空间格局,坚定不移走生态优先、绿色低碳的高质量发展道路,确保如期实现碳达峰、碳中和。我们必须要以习近平生态文明思想为指引,把生态经济化与经济生态化结合起来,形成经济生态观和生态经济观。

做到"全国统筹"。全国一盘棋,强化顶层设计,发挥制度优势,实行党政同责,压实各方责任。根据各地实际分类施策,鼓励主动作为、率先达峰。做到"节约优先"。把节约能源资源放在首位,实行全面节约战略,持续降低单位产出能源资源消耗和碳排放,提高投入产出效率,倡导简约适度、绿色低碳生活方式,从源头和入口形成有效的碳排放控制阀门。做到"双轮驱动"。政府和市场两手发力,构建新型举国体制,强化科技和制度创新,加快绿色低碳科技革命。深化能源和相关领域改革,发挥市场机制作用,形成有效激励约束机制。

第三,生态文明建设需要国家战略性的系统支持。

党的十八大以来,顺应时代的发展,党中央提出了加快生态文明建设的战略构想,首次把生态文明建设纳入"五位一体"总体布局,将生态文明建设融入经济、政治、文化与社会的治理思路,这是基于中国智慧的治理之道,是我们实现美丽中国梦的生态追求,我们应坚持推动生态文明建设的整体水平上升。[①]

党的十八届五中全会提出了"创新、绿色、协调、开发、共享"的五大发展理念,把生态文明建设放在了更重要更突出的位置。我国的生态文明建设从党的十八大到十九大已取得显著成效,近年来人民的环境保护意识和植树造林指数以及我国生态环境治理成效都有明显提高。但由于一些自然、历史以及人为影响,如生态系统的退化、生态产品的短缺、生态外交压力的剧增等,我国的生态文明建设面临较多问题,整体的建设形势也较为严峻。我国的生态环境质量整体上还无法满足人民对"美丽中国"的期盼,仍然滞后于经济社会发展。总体而言,目前我国的生态文明建设"正处于压力叠加、负重前行的关键期,已进入提供更多优质生态产品以满足人民日益增长的优美生态环境需要的攻坚期,也到了有条件有能力解决生态环境突出问题的窗口期"。[②]

放眼全球,各国的生态文明建设都是依从本国的基本国情和生态现状,不断探索、改进和提升本国生态治理成效。很多发达国家的生态文明建设举措都

---

① 李敫:《生态文明建设引领绿色冶金发展》,《天津冶金》2020年第1期。
② 陈伟:《新时代中国推进生态文明建设的战略选择》,《中国软科学》2019年第3期。

值得我们借鉴,如他们注重部门的整合,构建起主导作用的部门,积极引导其他部门全力配合。为了高质量推进我国生态文明建设进程,我们应做到以下八点:一是完善组织管理;二是营造实施环境;三是加强理论研究;四是加快法治建设;五是构建标准体系;六是推进信息化建设;七是强化资金保障;八是加大试点推广。

国家战略性的系统支持是推进新时代我国生态文明的重要支撑。我们要不断破解环境治理中的难题,通过一系列战略措施切实保障我国生态文明建设取得实质性突破,顺利跨越当前生态文明建设的关键期、攻坚期和窗口期。

新时代的生态文明建设是一条艰巨而长期的道路,任重道远,需要我们秉持建设"美丽中国"的初心,不断增强"四个自信",激活全民参与的动力与能力、信心与恒心,不断深化生态文明标准化建设,砥砺前行,实现人与自然和谐共生,迈入社会主义生态文明新时代。

二、急需解决的问题

(一)以解决损害群众健康的突出环境问题为重点

1949 年新中国成立时,中国正处于急需发展社会主义工业的时期,走上了急速发展工业化的道路。提出"一五计划",并且开始大炼钢铁,大量采掘煤矿。改革开放以后,各种工业园区、企业如雨后春笋般拔地而起。在经济发展的同时,国家也开始意识到工业化带来的危害,并采取了相关措施,走可持续发展的道路。对京津冀地区的分析显示,主要的大气污染来源于燃煤,便对症下药采取了调整能源消费结构、大幅增加低碳清洁能源使用量等有效措施。并且开始实施"太阳能入户工程",推进分布式能源建设,扩大天然气的进口量。对于各地的工业园区、工矿企业严格把控各种有毒气体的排放量。

党的十八大以来,以习近平同志为核心的党中央高度重视社会主义生态文明建设,坚持把生态文明建设作为统筹推进"五位一体"总体布局和协调推进"四个全面"战略布局的重要内容,坚持节约资源和保护环境的基本国策,坚持绿色发展,把生态文明建设融入经济、政治、文化建设各个方面和全过程。并且大力发展各类清洁能源,如太阳能、潮汐能、风能等。以退耕还林还草加强森林资源培育、保护和管理,重视林业生态工程建设。为了让人民群众重视环境保护,还颁布了多项环境保护专门法规与条例、行政法规以及与环境保护相关的资源法,包括:《中华人民共和国水污染防治法》《中华人民共和国大气污染防治法》《中华人民共和国固体废物污染环境防治法》《中华人民共和国海洋环境保护法》《化学危险品安全管理条例》等。采取一些强制性手段,让人民深刻意识到环境保护的重要性。

(二)把建设美丽中国化为人民自觉行动

党的十八大以来,以习近平同志为核心的党中央坚持马克思主义关于人与自然关系的基本原理,并将马克思主义立场观点方法与中国特色社会主义生态文明建设实践紧密结合起来,深刻总结世界生态文明发展的经验教训,吸取中华优秀传统文化中的生态文化智慧,不断就生态文明建设的根本性、全局性重大问题发表重要论述,作出重大部署,这成为新时代强化公民环境意识的理论依据。

要强化公民环境意识。我国环境问题仍然严峻,应当制止铺张浪费、肆意破坏自然的行为。新时代要求的生态文明建设,要做到人与自然和谐共处。我国面临的沙漠化、盐碱化依然是一个迫切需要解决的现实问题,这急切需要人们强化环境保护意识,国家也应当出台相关政策,推进绿色中国的建设。要开展全民绿色行动,每个人都要以自己的实际行动为生态环境保护作出自己的贡献。公民既要作为"保护者、建设者、受益者",也要作为环境保护与生态文明建设的监督者与激励者。将环境保护落实到生活的方方面面,做到全民参与全民行动,共创美丽绿色中国。建设美丽中国,既需要中央系统的顶层制度设计与安排,也需要广大人民群众主动配合,开展全民行动,形成生态文明建设人人参与、人人共享的强大合力局面。①

综上所述,中国特色社会主义政治生态论的逐渐完善,必定要从保护环境和加强环境治理方面入手,更需要解决好损害广大人民群众健康的突出的环境问题。人民群众更要依靠党和国家的领导,尊重自然,顺应自然,保护自然,贯彻节约资源和保护环境的基本国策;从自身做起,更要从一点一滴的小事做

① 储著斌:《习近平强化公民意识重要论述的丰富内涵》,《中南林业科技大学学报(社会科学版)》2019年第3期。

起,为中国特色社会主义政治生态建设贡献独属于自己的一份力量;用严格的制度和严密的社会法治进行制度体系保护,加快生态文明体制改革,把生态建设融入社会生活的方方面面;需要全体公民自觉强化环境保护的意识,共同建设和谐美丽宁静的美丽中国,让每个人都行动起来,自觉保护独一无二的美丽中国;要积极参与国际活动,遵循人类命运共同体这一观点,保护地球家园,共同保护每个人赖以生存的生态环境,努力开创社会主义新时代。

第九章　中国之治的生态模式

第一节　中国之治的绿色低碳模式

随着工业化的飞速发展,世界各国正面临着能源、资源和环境各个方面的巨大挑战。环境污染、冰川融化、自然灾害等一系列的挑战接连发生,对人类的生存环境造成了严重的威胁。2003年英国提出"低碳经济"的概念,并在2009年的哥本哈根会议上让"低碳"概念席卷全世界。我国于1994年制定了中国人口、环境与发展的白皮书——《中国21世纪发展议程》,把可持续发展作为本国的社会经济发展战略,随后又提出科学发展观、建设生态文明等。党的十八大报告明确把生态文明建设纳入中国特色社会主义建设"五位一体"总体布局。强调着力推进绿色发展、循环发展、低碳发展。①

早在2010年,温家宝总理就提出了要努力建设以低碳排放为特征的产业体系和消费模式,积极应对气候变化。低碳环保主要是以节能减排为主,通过降低排放来缓解因二氧化碳为主的温室气体造成的环境与气候压力。我国是一个工业大国,前些年我国工业生产技术水平还比较落后,特别是环境技术水平和循环利用的水平有限,这就造成了我国经济增长快但是排碳量高的局面。

当今社会,低碳变得越来越重要,低碳环保的概念已深入人心。由于发展经济的同时不注重保护环境,我国的环境问题越来越严重,甚至出现了严重的生态危机。我国想要转向低碳发展面临着巨大的挑战,环境污染问题尚待缓解,污染物排放量超过了生态所能承受的范围,生态破坏严重,生物多样性减少,生态功能性严重退化。因此,低碳发展是必然的,低碳发展有利于人与自然

---

① 张勤勤:《论低碳时代的思想政治教育生态价值》,《广西教育学院学报》2013年第2期。

的和谐相处、生态的可持续发展。为了解决环境问题,越来越多的国家选择了低碳政治,我国也不例外地选择了低碳政治。在第七十五届联合国大会上,秉持人类命运共同体的理念,习近平提出了实现碳达峰、碳中和的目标并作出了重要部署。随后我国开始新一轮的稳步推进低碳经济,关闭了大量的高碳排放的企业,改善了汽车排放等问题。我国大力倡导低碳出行,比如乘坐公共汽车、骑共享单车、购买新能源汽车等。我国现在也在构建市场导向的绿色技术创新体系,发展绿色金融,壮大节能环保产业、清洁生产产业、清洁能源产业。推进能源生产和消费革命,构建一个清洁低碳、安全高效的能源体系。①

作为发展中大国,我国面临着碳减排的巨大压力,为了建设社会主义现代化强国,我们迫切需要将低碳发展的战略上升到政治的最高层面。只有树立了社会低碳发展的政治思想和观念,才能建立起低碳发展的制度框架和制度体系,才能促使人们遵循这些制度。

一个国家的稳健发展,不应单单表现为高速的经济增长,还应体现在生态文明建设所带来的绿水青山、惠泽民生。改革开放以来,中国取得了许多重大成就,但同时也出现了许多的生态环境问题。过去一段时间,以牺牲环境为代价发展经济造成了水资源污染加重、沙漠化发展迅速、物种加速灭绝、大气污染严重等问题。

随着经济的快速发展,人们对高质量生态环境的需求越来越强烈,建设山清水秀的美好家园成为每个人的梦想。党的十八大以来,以习近平同志为核心的党中央大力推进生态文明建设,加大污染防治力度,生态环境明显改善,人民的生态环境意识、福祉意识和安全意识不断提高。实践表明,在践行绿色发展的道路上,低碳循环发展成为我国经济建设的重要战略之一。要不断推进生态文明建设,使其理念深入到每一个公民心中,提高人民生活质量,更好地满足人们的美好生活需要。从"求生存"到"求生态",从"盼温饱"到"盼环保",人民群众对清新空气、清澈水质、清洁环境等生态产品的需求越来越迫切。②

---

① 张乐民:《马克思主义生态文明思想与开创生态文明新时代》,《理论学刊》2013 年第
10 期。

② 钟经文:《论中国经济发展新常态》,《中国中小企业》2014 年第 9 期。

低碳发展是低碳和发展的融合体，一方面得让二氧化碳的排放达到一定程度的下降，呈现出一个下降的趋势，另一方面还得保障现代社会经济链条的继续发展，使社会经济发展水平有所上升。经济发展与减污降碳具有协同效应，低碳发展不是简单地让二氧化碳的排放率有所下滑，而是利用新的发展模式去带动经济，使经济进一步向前发展。

第一，低碳技术的不断更新是发展低碳经济的最直接手段。低碳技术是指在可持续发展理念指导下制定工作生产中的碳排放量，以避免全球气候加速变暖而采取的所有减少碳排放甚至无碳排放的手段。

低碳经济的核心特征就是"低碳排放"。长期以来，中国的能源消耗主要以化石能源为主，而化石能源多以煤炭、石油为主，碳排放量大且污染重。随着现代的低碳排放相关技术的开发应用，这将对曾经的"化石能源"为主要消耗的工业模式进行一场革命，带来全新能源利用方法的新改革。随着新能源如核能源和二次再生资源的普遍使用，将逐渐取代曾经的化石能源。

第二，开发与利用先进清洁的可再生能源成为重要的基本措施。能源是当今社会前进的动力。现在要对经济链进行深刻调整，能源的供需关系要进行新变化。

我国现阶段仍存在能源结构尚不合理的基本国情，带动能源的生产速度和消费方法的创新，推动低碳排放发展刻不容缓。要大力开发中国的能源二次使用和再生资源利用，从而达到最好的控制效果，实现低碳生活，走上再生资源利用的道路，为稳定的经济发展提供一个牢固的支撑点。

第三，减少每一种能源的消耗、损耗，减少污染排放量，在促进经济发展的过程中做到三低，即低能消耗、低量排放、最低污染。

在生产生活过程中做到最低消耗、最低污染和最低排放，减少过多的资源浪费损耗。这是一种来源于文明社会科学、健康的生产生活手段。低碳的生产生活方式，可以让人类生存的社会系统和每个单元安稳共生，同步发展，实现物质、精神以及生态的平衡。提倡把有限的资源用于满足群众最基本的需求，拒绝奢侈浪费的行为等。

低碳消耗是当今社会经济发展模式的新目标。我国的低碳经济转变会为我国长期的能源使用提供一个安全的环境，有助于缓解目前和将来新能源体系下的环境问题，也有利于构建资源节约型和环境友好型的新社会。

低碳发展是一种以低消耗、低污染、低排放为特征的可持续发展模式，对整个社会和经济的发展具有重要意义，低碳发展有利于达到人与自然的和谐相处，营造"绿水青山就是金山银山"的理念。但是我国低碳发展还存在诸多问题：第一，全球气候变暖日趋严重。我国对于全球气候变暖的情况越来越重视，同时环境气候的变化对于整个社会的发展也具有重要影响。气候变化是人类面临的一个长期挑战，同样也是一个复杂的问题。中国是全球气候变化的敏感地区之一，2018 年是中国近百年来最温暖的十年之一，春夏季全国平均气温创历史新高；近 20 年是 20 世纪初以来最暖的时期。[1]

全球变暖导致冰川融化，使很多动物流离失所，并且随着气温的升高，也加剧了森林火灾的发生。第二，人均能源消费增长。目前我国能源供给无法适应经济的高质量和高速发展。虽然我国的能源较为丰富，但是优质能源的供给能力不是很突出，并且能源的生产量不能满足需求的增长，能源的储备开始下降，矿藏资源枯竭。我国人口众多，人均能源资源相对来说较为匮乏，如果能源利用不合理将会对环境造成极大的危害，大量的污染和温室气体的排放也将会加速全球变暖。

针对以上存在的问题，有以下几点建议进行改善：一是低碳发展需要循环利用资源，避免资源浪费。那么，我国就需要发展具有中国特色的循环经济发展模式，提高资源的产出率、重复利用率，减少排放。由政府主导，建立健全低碳发展的相关机制，全社会共同参与构建低碳发展的经济产业体系。推动低碳发展，最终形成循环经济发展模式。二是大力推行清洁生产。从源头上加强清洁生产，减少污染物排放。除工业企业外，还应实施全方位的清洁生产，包括农业以及服务业。[2]三是经济建设要基于实际情况来调整自身的定位，选择适合的产业战略。大力发展生态产业，培育蓝天、绿地、碧水、秀美的生态景观，实现人与自然和谐共处。在遵循自然规律的前提下，要充分调动人的主观能动性，

---

① 王朋岭：《2018 年：全球气候系统变暖趋势持续》，《光明日报》2019 年 4 月 18 日。

② 冯昕：《大力推进生态文明建设实现虎林绿色、循环、永续发展》，《奋斗》2013 年第 1 期。

合理有效地利用自然资源。四是保护自然,与地球和谐相处。经济发展不能以环境污染作为代价。在日常的生产生活中要做到科学发展、绿色发展,不能对自然进行过度的开发、过度的改造。全社会应树立起保护环境的意识,要像保护自己的眼睛一样保护自然环境。我国的生态环境问题已经到了十分严峻的程度,必须采取最严厉的措施,让浪费资源、破坏环境的单位和个人受到最严厉的惩戒,让每一个人都树立起保护自然的观念。

第二节　中国之治的循环发展经济模式

循环发展是指在生产、流通以及消费等行为中,做到减量化、再利用以及资源化等社会经济活动的总称。循环发展的核心理念是循环经济,循环发展经济是指以最小资源消耗和最少的环境成本来获得最大化的社会经济效益的经济模式,并且在这一过程中,工业经济需要遵循物质双向流通原则,保证在循环发展中生产所需的原材料从自然或者生物圈获得的同时, 能保证生产的产品也能以生态友好的方式返还到生物圈中。这便是循环经济,它也是我国生态文明建设的重要战略之一。简言之,就是我们从大自然索取物资后,会给予它回馈,并且不破坏生态, 这是我们在现在以及未来的发展中都非常重要的一点。

循环发展的影响非常大,在过去,我们各方面发展都比较落后的时候,为了追求经济的发展,可能就忽视了很多生态环境方面的问题。很多商家只顾着经济的发展,而肆意破坏大自然,只知道从自然中获取,却不保护和给予回报,例如大量的树木砍伐、填湖或者河道建造房子、污水的超标排放等都对我们的环境造成了巨大的伤害。但是随着经济的发展,环境问题也逐渐被重视起来,近年来政府也出台了很多发展循环经济和保护环境的政策,例如《中华人民共和国循环经济促进法》,包括了循环发展的基本要求、管理制度、政策导向和激励措施等内容,我们的自然环境也开始渐渐变好,循环发展被越来越多的人知道和实践。

技术的提升、科技的创新发展、政策的改进对循环发展来说都是必要的。

过去的落后技术影响经济的发展速度，造成更大的环境伤害。技术的提升是经济进步和减少环境危害的关键点。随着科技的进步，可以发明出很多自然资源的替代物，从而减少对自然的伤害。政策管理也应该随着时代的改变而改进，就如前面所说，要制定相关政策，改善经济发展与环境保护的关系，做到经济发展最大化的同时，把对环境的伤害最小化。

生态文明建设中的循环发展与经济建设是密不可分的。循环发展经济其核心是利用物质的循环来提高资源效率和环境效率。循环发展针对的是资源危机，是以各种资源的减量化、再使用、再循环为基本特征的发展模式。侧重于整个社会物质的循环应用，强调的是循环和生态效率，资源被多次重复利用，提倡在生产、流通、消费全过程的资源节约和充分利用。[1]

发展循环经济、建设生态文明是各级政府构建和谐社会的重要内容，要解决的是人与自然的和谐问题，在这一发展进程中还存在着诸多问题：一是循环理念意识淡薄。从党的十八大提出推进生态文明建设以来，国民对资源和环境的形势理解仍不深刻，对循环经济的重要性和紧迫性缺乏深刻的认识。在发展思路上习惯于传统的粗放经营模式，没有把发展循环经济作为工作上的重要任务。地方政府在资源节约、环境保护等方面认识不够，导致循环经济布局建设任务落后，破坏资源、浪费资源现象在一定范围内仍然存在。二是产业结构失衡。目前我国的产业结构正处于不断变化中，比例失调的重工行业属于高能耗、高投入、高污染的行业，对循环经济有着较大的负面影响。中国四大重工行业能源消耗占工业能源总消费一半以上，不合理的产业结构不仅消耗了更多的资源，而且加重了环境的负担，阻碍了我国循环经济的发展。[2]三是缺乏技术创新。循环发展经济的发展必须依靠技术进步的支持。但我国发展循环经济最关键的开采等综合技术的装备水平却不高，不能为循环经济发展提供有力的支持。

针对以上存在的问题，有以下几点建议进行改善：一是加强国民生态文化

---

① 伍国勇、段豫川：《论超循环经济——兼论生态经济、循环经济、低碳经济、绿色经济的异同》，《农业现代化研究》2014 年第 1 期。

② 张群：《循环经济发展的问题及建议》，《中国金属通报》2013 年第 13 期。

宣传教育,提高循环经济意识和公众参与度。要通过各种手段和舆论传媒广泛宣传,普及生态文化知识、循环经济知识和环保法规等,把循环经济的理念融入教育体系中,从而增强社会各界建设生态文明的责任感和紧迫感。二是以环保为切入点,关、并、停那些破坏资源、污染环境的企业,淘汰产能落后的企业。以淘汰落后产能来实现产业结构的调整和优化,是节约能源资源和保护生态环境,进一步提高产业竞争力的有效途径。从效率提高和资源节约的角度看,以较少的国土面积实现产业集聚,可以大大提高资源的配置效率,真正实现经济增长方式的根本转变。[①]三是创新循环经济技术体系。循环经济属于技术密集型经济,其建立发展必须依靠大量新技术。在建立和发展循环经济技术体系方面,要以创新技术为基础,使用低能耗技术,降低原材料和能源的消耗。并依靠科学技术上的改革对传统的产业进行改造,不断发明新技术和新材料,对不可再生资源进行替代,为发展循环经济提供坚实的技术保障。

一、生态的循环

(一)发展现状

生态的绿色环境不仅要绿色低碳更要保持循环发展的态势, 做到循环中发展、循环中进步。要做到政治生态的循环发展不仅要在政治上做到"和而不同""美美与共",还要将生态环境构建为绿色、循环的发展体系。对此我们需要认识我国生态环境的发展现状。

第一,大气环境污染日益严峻。

我国的经济发展显著提高其中一点体现在国民出行方式的选择。由于收入水平提高,国民购买及使用汽车的数量也显著提升。但正是这种现象的大众化造成汽车尾气排放量的剧增, 其中大部分的车辆尾气过度排放以及不合理排放,给大气环境造成了极大的负担。大气环境的超额负荷体现在 PM2.5 上,尤其是部分发达城市及地区,如长江三角洲、珠江三角洲、京津冀地区等。大气环境的恶化另一主要原因是工业化排放。工业产业作为第二大产业是我国早期经济发展的重心,其污染主要集中于造纸、化工、钢铁、电力和采掘业等。工

---

① 施卫华:《以创新驱动促进产业结构的优化升级》,《广东经济》2013 年第 5 期。

业化排放增加了大气污染物中烟尘、二氧化硫和一氧化碳等的含量，严重危害了大气环境以及人体健康。针对此现象我国在 2013 年由国务院发布了《大气污染防治计划》，旨在通过政府的干预解决和改善大气环境。

第二，水污染。

我国水污染来源主要有：未经处理而排放的生活污水；大量使用化肥、农药、除草剂的农田污水；堆放在河边的工业废弃物和生活垃圾；水土流失；矿山污水。我国在政策上针对水污染制定了《中华人民共和国水污染防治法》，并以此为基础制定了《国家水污染物排放标准制订技术导则（HJ945.2—2018）》。该标准不仅制定了水污染排放原则，还对水污染排放技术提出了要求，是政府对于水污染加剧作出的积极回应和应对方法。

（二）循环发展经济实施内容

第一，新能源开发。

我国近几年加大了对新能源的开发，如太阳能、地热能、风能等，这些都属于可再生资源，通过科学技术的进步，可达到对其的无限循环利用，如新能源汽车的普及。针对汽车尾气对大气环境的威胁，我国加大了绿色排放的宣传并推出新能源汽车的使用。大规模使用新能源汽车减少了燃油汽车的使用量，从而减少了尾气排放，保护了大气环境。此外新能源汽车的使用消耗属于无限可再生，对我国生态循环发展起了积极作用。

第二，高效利用和循环利用。

循环发展经济是一种以资源的高效利用和循环利用为核心，以"减量化、再利用、资源化"为原则，以低消耗、低排放、高效率为基本特征，符合可持续发展理念的经济增长模式，是对"大量生产、大量消费、大量废弃"的传统增长模式的根本变革。我国将传统工业的"资源—产品—废物排放"的模式转变为"资源—产品—资源"的模式，促进工业发展的循环可持续。该模式的转变减轻了工业企业的资源消耗以及废物排放，不仅提高了工业企业的存续寿命，而且减轻了对大气环境的破坏和水资源的污染。

我国在农业方面加大了第一、二、三产业的融合发展，达到高效利用和循环利用，保持可持续状态，改变了我国以往农业结构。如畜牧地区推动农林结合、农牧结合的发展改善以往过度放牧、过度开垦的状态。总之，循环发展经济是我国生态循环发展的重要措施和手段。

第三,生态循环发展。

循环发展经济中的生态循环发展,也是未来发展的趋势。首先,我国应构建和完善循环经济体系。其中除了加大工业和农业的循环经济化,更要将其贯彻到我国发展的方方面面,壮大资源企业规模,实现资源的无限可循环、经济的无限可发展。其次,加大宣扬循环发展理念力度。理念的转变是实现生态循环发展的重要措施。只有思想观念转变了,人们的行为模式才会转变。我们可以通过逐步推出建设循环发展模范城市作为此类经济模式的试点城市并进行宣传推广,再逐步加强观念的影响力。最后,政治生态循环发展是我国未来发展的必然趋势,是建设中国特色社会主义社会的重大措施,也是贯彻落实中国特色社会主义理论体系的体现。

中国政治生态论需要低碳发展、循环发展,要营造良好的政治生态环境,坚持正确用人导向,要严格把握标准,重点是从严把关,从严管理监督干部。营造良好政治生态,要坚持不断把反腐败斗争引向深入,下大气力拔"烂树"、治"病树"、正"歪树"。"人人是环境,个个是生态。"坚持人与自然和谐共生,使人与自然和谐发展,建立一个美丽的新中国。

二、绿色低碳与循环发展之间的关系

低碳发展和循环发展的理论基础都是生态经济理论和系统理论,以生态技术为基础,把保护环境、改善环境当作目的,把追求人类的可持续发展和环境友好型社会的实现当作目标,借鉴生态学的物质循环和能量转化原理,探索人类经济活动和自然生态之间的关系。二者之间相互促进,相互加强,紧密相连,有着部分交集,却无法替代。

其实从概念上看,它们有着本质上的区别。在社会发展的过程中,低碳发展针对的是气候方面,主要是探讨全球气候变暖的问题,着重研究减少碳能源消费,减少碳排放量;循环发展则针对的是自然资源方面的问题,引导形成再使用、再循环的发展模式,倡导资源的节约和充分利用,以保护自然资源以及高效利用资源为目的。从经济系统和自然系统相互作用的过程来看,低碳发展强调的是经济活动的能源输入端;循环发展则分别从资源的输入端和废弃物的输出端来研究经济活动与自然系统的相互作用。

　　低碳发展和循环发展对我国的资源环境有着重大的积极影响，对于整个世界也有着极其深远的重大意义,两者之间有许多的相同之处和不同之处。但是它们的根本目的都是为了保护我们的自然资源、自然环境,为了实现建设山清水秀的美好家园的梦想。平衡经济效益与资源效应,解决社会不同矛盾,让我国的经济稳定持续发展,走上可持续发展道路,要建立健全绿色低碳循环发展的经济体系,完成党的十九大提出的重大发展任务,落实绿色发展理念,促进我国的生态文明建设。

第十章　中国之治的实践途径

第一节　大力提升公民生态文明素质

一、高度重视生态文明教育

2018 年 5 月，习近平总书记在全国生态环境保护大会上发表重要讲话，提出新时代推进生态文明建设的原则，强调要加快构建生态文明体系。[①]随着中国经济的高速发展，我国已稳居世界第二大经济体，但在这光鲜的背后，也付出了巨大的环境代价。为走可持续发展的道路，必须高度重视生态文明教育，在人民心中树立"经济发展不能以破坏生态为代价，生态本身就是经济，保护生态就是发展生产力""绿水青山既是自然财富，又是经济财富""坚定不移走生态优先、绿色发展之路""绿水青山就是金山银山"的观念。[②]生态文明与经济发展同等重要，必须高度重视生态文明教育，把这个思想深深烙在人民心中。习近平总书记强调："推动经济高质量发展，决不能再走先污染后治理的老路。只要坚持生态优先、绿色发展，锲而不舍，久久为功，就一定能把绿水青山变成金山银山。"

要把实施全民环境宣传教育行动落到实处，在生活、工作、学习中不断强化提高环境保护意识，把加强生态文明宣传教育作为环境保护工作的出发点，建立全民参与的社会行动体系，举办多样化的宣传教育活动，从中探讨新的宣传教育模式，并且对宣传教育的效果进行评价和监测，从而改善薄弱环节，贯

[①] 周贤胜：《坚定不移走转型发展之路》，《中国邮政》2014 年第 6 期。

[②] 刘毅、寇江泽：《以习近平同志为核心的党中央高度重视生态文明建设 坚定不移走生态优先绿色发展之路》，《人民日报》2020 年 5 月 14 日。

彻落实我国环境保护规划和各项制度。积极响应习近平总书记的"绿水青山"的号召,坚持走"可持续发展道路"。

人与自然的关系从古至今都是相互依存、共存共生的,当代社会人与自然环境之间的关系越发紧张,整个生态体系不断受到破坏。为此,我们必须建设一个人与自然和谐共存的新文明。为了保障人类与自然和谐共存,保护生态平衡,必须在经济、法律和道德上建立保护和改进生态环境的道德规范。生态文明是人与自然共生、全面发展、持续繁荣的文化伦理形式,教育则是推进生态文明的基础工程,可以将"生态文明"理念送进课堂,送进教材,送进头脑。为了达到这一目标,必须培养孩子保护生态环境、爱护家园的观念,加强生态文明的教育,培养其生态文明思想,陶冶其生态道德情操。学校应充分利用宣传栏、黑板报、学校广播等各种形式,充分开展生态文明教育工作,普及生态文明的知识。引导学生树立绿色可持续发展的理念,形成对生态文明有益的绿色价值观念。在知识的传授上,教师应坚持将生态文明理念引申进学生的素质教育相关课程中,在讲课时应不断地渗透生态文明的观点,并开展一系列课题研究活动,这样既能培养学生的大脑活力,又能激发他们对生态文明学习的兴趣与求知欲。

大力推进生态文明建设,扭转生态环境恶化的趋势,要重点抓好四个方面的工作:

第一,优化国土空间开发格局。

国土是我们赖以生存的基础和生态文明建设的空间载体,我们必须珍惜每一寸国土。加快实施主体功能区战略,构建科学合理的城市化格局、农业发展格局、生态安全格局。实行分类管理的区域政策和各有侧重的绩效评价。促进陆地国土空间与海洋国土空间协调开发。[①]

第二,全面促进资源节约。

确立节约资源的国家政策和法律法规,形成资源节约型国民经济体系;大力推行循环经济发展模式,大力发展环境产业,充分开发利用再生资源;倡导资源节约型的消费方式,加快技术创新,推进节约资源技术进步;重视信息工

---

① 高鹏:《浅谈社会主义生态文明建设》,《决策与信息》2014 年第 12 期。

作,建立资源节约型社会信息交换平台,建立资源节约型社会的指标体系,充分发挥市场机制的作用;加强宣传教育,增强全社会的资源意识、节约意识和环保意识。

第三,加大自然生态系统和环境保护力度。

良好的生态环境是人和社会持续发展的根本基础。要实施重大生态修复工程,增强生态产品生产能力,推进荒漠化、石漠化、水土流失综合治理,扩大森林、湖泊、湿地面积,保护生物多样性;加大水利建设,增强城乡防洪抗旱排涝能力;加强防灾减灾体系建设,提高气象、地质、地震灾害防御能力;坚持预防为主、综合治理,以解决损害群众健康的突出环境问题为重点,强化水、大气、土壤等污染防治;坚持共同但有区别的责任原则、公平原则、各自能力原则,同国际社会一道积极应对全球气候变化。①

第四,加强生态文明制度建设,提高生态文明水平。

保护生态环境必须依靠制度。我们要大力提高全社会的生态文明意识,加快促进生态文明制度体系化,加强对生态文明制度落实的监管,严守资源环境生态红线,形成全社会共建共享的行动体系。②

环境宣传教育是社会主义精神文明建设的重要组成部分,对于环境保护工作起着先导、基础、推进和监督作用。环境意识是衡量一个国家和民族的文明程度的重要标志,开展环境宣传教育工作正是为了增强全民族的环境意识。

关于环境宣传教育行动的具体任务包括:一是开展全民性的宣传工作,丰富全民性环境的宣传活动。针对各地区采用不同的宣传手段。丰富宣传的题材、风格和载体,贴近人民群众,贴近生活,不断提高宣传教育活动的效果。二是加强舆论导向,扩大环保新闻的传播效果。提高新闻的传播力。加强与传统媒体的深入合作,重视发挥网络、手机等新媒体的作用,不断加大传播力度,扩大资讯覆盖面。三是全民环保教育的开展。加强基础教育和高等教育阶段的环境化教育。四是引导人民参与到生态文明的保护工作中,建立社会公众对生态环境的参与机制,拓宽环保通道,鼓励公众积极加入环保活动行列。

---

①② 田海英:《大力推进生态文明建设》,《中国文房四宝》2013 年第 7 期。

二、加强环保非政府组织能力建设

由于我国经济的快速发展,政府对于环保领域越发重视,且采取了多重环境保护举措。在这期间,我国也出现了活跃在环境保护领域内的非政府组织。由于组织的特殊性,其更深入基层,可以协助政府贯彻落实环保法律的实施,也可以自发性组织小规模的环保活动。但事物皆有两面性,由于缺乏完善的政策约束与规定,非政府组织同样存在许多问题。其一,非政府组织缺乏统一的领导与组织相互之间的沟通,无法有效统一地促进环保政策的实施;其二,由于环保组织的公益性,没有稳定的收入支持与企业赞助,基础设备不够完善。对于此类问题,政府在调节管理各组织方面的作用至关重要。首先,政府应该给予环保非政府组织一定的援助,如资金、人力、宣传等。其次,政府应登记相关的环保组织,给予统一管理与任务调配,以此提高组织间的环保效率。同时,政府应鼓励民间成立环保组织。环境问题日益突出的当代社会,只单纯依靠行政部门的力量是无法解决大部分环境问题的,所以,需要大量非政府的环保组织成立和发展,以此来带动整个社会中的环保理念的发展。

我国非政府组织是为了适应经济体制改革、政治体制改革、城市化进程、社会基层结构变化发展要求而逐渐发展起来的,能够促进政府职能转变、规范政府行为以及整合社会资源。然而,社会对非政府组织的认识不足、相关制度的缺失、社会环境制约、社会监督等问题使其建设停滞不前。

如何加强环保非政府组织能力建设成了我们要思考的重要问题。我国环保非政府组织有自然之友、北京地球村、绿色家园志愿者、中国小动物保护协会、中华环境基金会、北京环保基金会等。

非政府组织具有公益性、网络性的特征,可以利用这些优势,客观、全面地向社会公众传达环境信息,起到一定的宣传效应,调动国民的积极性,让全社会都参与到环境保护活动中来。

环保非政府组织应常常开展、参与环境保护项目,与多国政府展开广泛的合作,如开展环境保护科学技术的研究工作,提供咨询和信息服务,大力引进学术领域的精英和人才,推动环境保护和技术的发展,实现保护环境资源最大化。对环境污染受害者进行援助,建立援助中心,关爱特殊的弱势群体。环境保护组织可以向他们提供必要的法律援助以及通过组织募捐、公益活动等方式进行筹资。

　　加强环保非政府组织建设,目的是引导其健康、有序、稳定发展,加强与境外非政府组织交流合作。既可以促进我国的经济发展、社会进步,又可以广泛参与全球治理。友好的境外非政府组织,给我国带来先进的技术、经验和资金,能在污染防治、气候变化、生物多样性保护和保护区、森林公园建设方面给予更大的支持,同时也符合党中央关于协调推进"四个全面"战略布局的要求。①

　　环保非政府组织是由市民社会组织、民间社团、志愿者团体组建起来的,发挥着政府部门难以发挥的作用。同时环保非政府组织建设成功会给中国特色社会主义政治生态带来极其重要的影响。

　　环保非政府组织能起到监督、保证环境法律的实施的作用,这在很大程度上保护了人民群众的根本利益。环保非政府组织建设成功必须得到政府的支持,两者之间必须要达成共识,相辅相成,共同合作,相互监督,以保护环境、建设生态文明社会为最终目标。

三、保障公众环境参与权益

　　党的十八大报告、《中华人民共和国环境保护法》、《关于加快推进生态文明建设的意见》等文件、法律明确要保障公众知情权、参与权、表达权和监督权。《环境影响评价公众参与暂行办法》《环境信息公开办法(试行)》《关于推进环境保护公众参与的指导意见》《环境保护公众参与办法》等文件,均对公众参与作出了规定。

　　公众环境权益的行为内容包括:优美舒适环境享受权、开发利用环境决策和行为知悉权、开发利用环境决策建言权、监督开发利用环境行为及其检举和控告权、环境权益侵害救济请求权等。保障公众环境参与权益是国家有关部门、国家环境行政机关、司法机关不可懈怠的职责。《中华人民共和国环境保护法》提出利用税收、信贷等市场手段保护环境,使经济社会发展与环境保护相

---

　　① 河南省生态环境厅办公室:《河南省生态环境厅关于加强涉生态环境境外非政府组织在豫活动管理工作的通知》,2019 年 12 月 31 日。

协调。

《中华人民共和国环境保护法》规定：排放污染物的企事业单位和其他生产经营者，应对其排放污染物的行为承担责任，依法缴纳排污费。这一系列相关法律规定都在一定程度上保障了公众环境参与权益，使个人的权益得到保障，人人都参与到环境保护中去。公众环境参与权益受到人民群众和国家的高度重视。环境问题是重大的民生问题，目前一些地区，公众参与环境保护的发展决策权太少，甚至有的不能参与其中，环境保护的进程受到了一些影响。这就需要进一步完善我国的相关法律、法规，将保障公众环境参与的权益落到实处。在保障公众环境参与权益的同时，注重政府的职能，充分调动人民群众参与环境保护的热情与动力。通过经济政策，来维护当地的生态环境，引导公众更好地参与环境保护活动。

在完善这一权益时，要让民众有效地通过环境污染的检举、信访、诉讼、监督等公众参与形式，激励人民群众对环境保护的主动性、积极性和坚定性，保障广大人民的知情、参与和监督的权利。公众参与是保障群众环保权益的一条有效途径，也是建立共同参与环保体系的一种有效方式。

第二节　打造生态文明的复合资本

一、加强生态环境保护和治理，增强自然资本推动力

建设生态文明关系着中华民族持续发展，坚持绿水青山就是金山银山。保护生态环境就是保护生产力，改善生态环境就是发展生产力。必须坚持和贯彻绿色发展理念，平衡和处理好发展与保护的关系，推动形成绿色发展生活新方式，坚定不移走发展生产力、和谐生活、良好生态的文明发展道路。[1]必须坚持以人民为中心，集中解决损害人民身体健康的突出环境问题，提供更多更优质的生态产品。

---

[1] 李廷瑞：《关于加强农村生态环境保护的建议》，《天津人大》2013 年第 10 期。

生态环境是一个统一的有机整体，必须坚持用最严格的制度和最严密的法治保护生态环境。坚持建设美丽新中国，需要全国人民的共同行动。要加强生态文明宣传教育，树立良好的生态文明行为准则。把建设美丽中国化为全民自觉的行动，坚持推动全球生态文明建设。习近平指出，国土是生态文明建设的空间载体。要按照人口资源环境相均衡、经济社会生态效益相统一的原则，整体谋划国土空间开发，科学布局生产空间、生活空间、生态空间，给自然留下更多修复空间。①应该坚持以自然恢复为主，统筹开展全国生态环境的保护与修复，坚持生态环境保护的底线，绝不越过红线，提升生态环境系统的质量和稳定性。坚决查处生态破坏行为，持续开展生态破坏监督行动，严肃查处各类违法违规行为，限期进行整治修复，建立以国家公园为主体的自然保护地体系。建设美丽新中国，增强自然资本推动力。

一个国家的发展，不仅仅表现在鳞次栉比的高楼大厦和高速的经济增长，还应该是生态文明建设带来的碧水蓝天、惠泽民生。习近平总书记在党的十九大报告中指出，坚持人与自然和谐共生，必须树立和践行绿水青山就是金山银山的理念，坚持节约资源和保护环境的基本国策。我国的生态环境保护和治理离不开党和国家的政策指引。

政府要加快建立绿色生产和消费的法律制度和政策导向，建立健全绿色低碳可循环发展的经济体系。构建以市场为导向的绿色创新体系，发展绿色金融，加强对节能环保产业、清洁生产产业和新能源产业的支持。

着力解决现阶段的突出环境问题。以京津冀及周边、长三角、汾渭平原为主战场，调整产业结构，强化区域联防联控和重污染空气应对，进一步降低PM2.5浓度，改善大气环境质量；着力打好"碧水保卫战"，深入实施水污染防治计划，坚决整治污水的胡乱排放问题，保障居民的饮用水安全，消除黑臭水体，提高人民的碧水幸福感；扎实推进"净土保卫战"，实施土壤污染防治计划，有效管控土壤环境风险。②

①《习近平在十八届中央政治局第六次集体学习时的讲话》，2013 年 5 月 24 日。
②《中共中央国务院关于全面加强生态环境保护 坚决打好污染防治攻坚战的意见》，新华社，2018 年 6 月 24 日。

通过立法活动约束人们的行为,助力生态文明的保护和治理。制度的缺失和体制机制的不合理是导致我国资源浪费和生态环境恶化的重要原因之一。总有无良企业或者个人钻法律的空子,为了个体利益而过度地、不合理地使用资源或不顾生态环境的承受力而作出不当行为。因此,加快建立健全生态环境保护和治理相关的法律法规、制度体系刻不容缓。

要建立协作配合、信息共享和线索移送等工作机制,共同推进和保障生态环境保护工作。加强农村污染治理和生态环境保护。统筹推进山水林田湖草系统治理,推动农业农村绿色发展,[①]具体措施包括:

第一,加大环境保护宣传力度。

要做好农村环保工作,首先要加大宣传力度,将国家有关环境保护的法律和政府措施宣传出去,营造环境保护的舆论环境。做到家喻户晓,人人能够参与其中,也让各级领导干部重视农村环境保护,意识到生态环境的治理对经济发展的重要性,从而重视环境保护和整治。制定相关环境保护政策,遵守可持续发展理念,摒弃以牺牲环境为代价的经济增长方式。加大宣传能让广大农民群众意识到农村环境保护的必要性,共同推进农村环境治理。

第二,建立健全环境监管体系。

农村环境监管制度不够完善,监管队伍不够稳定,建立健全监管体系,实现环境监管从省、市、县到乡镇和村全面覆盖。科学设置农村环境监管部门的职能和职责。

第三,发展生态循环农业。

政府应引导农民转变传统的农业发展方式,加快农业种植结构调整和现代化养殖方式推广,大力推广有机肥应用、循环农业、生态农业等发展模式。以畜禽养殖为例,集中建设集畜禽饲养、粪便无害化处理和有机肥综合利用于一体的多功能现代化养殖场,不仅能够降低污水和粪便的危害,还能通过沼液沼渣制作有机肥料,切实改善环境。此外,农村环境监管部门还应加大投入力度。完善农村环境基础设施建设,健全环保责任制,开展农村环境质量考核,大力开展生态村、环境优美乡镇创建活动,不断提高干部群众的环保意识,树立人

---

① 林言:《绿水青山就是金山银山》,《浙江林业》2015年第3期。

与自然和谐发展的观念。①

二、大力发展绿色科技,增强知识资本推动力

自两次工业革命和两次世界大战以来,自然科学的不断进步促成了各种科技的出现和发展,人们开始大量地从自然中夺取资源,而在这一过程中生态环境问题也随之出现。中国政府早在 1996 年就已经制定了《中国跨世纪绿色工程规划》,在这份规划中确定中国的环境保护重点有:煤炭、石油天然气、电力、冶金、有色金属、建材、化工、纺织及医药。这些行业污染物排放量占中国工业污染物排放量的 90%以上。与此对应,中国发展绿色技术的主要内容是:能源技术、材料技术、催化剂技术、分离技术、生物技术、资源回收及利用技术。②

习近平总书记在党的十九大报告中明确提出了关于生态环境、绿色发展的理念。建设生态文明是中华民族永续发展的千年大计。必须树立和践行绿水青山就是金山银山的理念,坚持节约资源和保护环境的基本国策,像对待生命一样对待生态环境,统筹山水林田湖草系统治理,实行最严格的生态环境保护制度,形成绿色发展方式和生活方式,坚定走生产发展、生活富裕、生态良好的文明发展道路,建设美丽中国,为人民创造良好生产生活环境,为全球生态安全作出贡献。③

我国发展绿色科技的目的也是为了增强知识资本的推动力,是实现经济可持续发展的必然方向和选择。而大力发展绿色科技,增强知识资本推动力需要多方努力共同推进,政府和企业都是重要的一环,两者缺一不可、互相支持。对于政府而言,要加强对绿色科技的规划和资本投入,进一步加大对绿色科技研发的政策支持和资本支持,要明确绿色科技的发展重点领域和发展前进方向,要加大绿色科技发展文化在社会中的传播,推动全民应用绿色科技,推动

---

① 田恩花:《加强农村环境污染治理保护城镇生态环境》,《吉林农业》2016 年第 18 期。

② 陈立萌:《基于知识管理的煤炭企业绿色技术创新机制研究》,硕士学位论文,西南科技大学,2014,第 18 页。

③ 习近平:《十九大报告》,2017 年 10 月。

高校科技成果和企业产出成果相结合；对于企业而言，要强化企业在绿色科技发展过程中的主体地位，推动以企业为主体的产、学结合，让人才和科研聚集在一起发挥最大的作用，提高知识资本的利用效率。

绿色科技有利于节约资源和保护环境，它是符合绿色发展的技术。只有推进技术创新，大力发展绿色科技，提高资源的利用率，减少废弃物的排放，才能卓有成效地实现绿色发展，以市场为导向建立绿色科技技术体系，就是既要考虑生态和社会效益，也要考虑经济效益，更多通过市场手段引导开发低碳技术和绿色科技技术，增强节能环保产业、清洁生产产业、清洁能源产业的技术研发力度，为绿色发展和可持续发展提供坚强的技术支撑。要在兼顾经济效益的基础上，提高新能源和可再生能源比重，构建清洁低碳、安全高效的能源体系，形成绿色消费引导绿色科技创新、绿色科技创新促进绿色消费的良性循环体系。增强企业绿色科技创新的积极性、主动性、创造性，既要追赶世界尖端领域的绿色发展技术，更要立足当前国内市场需求，在生产技术、循环再利用技术、新能源开发、科技人才培养等方面加大投入力度，建立以企业为主体、市场为导向、产学研深度融合的技术创新体系。[1]同时，绿色科技为污染治理、资源节约和环境保护提供了科技支撑体系，是新时代推动生态文明建设、实现绿色发展的必由之路。

新能源汽车的发明得益于绿色科技的发展，它与传统汽车最大的区别就是使用的燃料不同。传统汽车的燃料为汽油，而新能源汽车是通过电力或是油电混合的方式提供动力。新能源汽车通过减少汽油的使用量，来减少对石油的依赖和开采。同时，新能源汽车的尾气排放量大大小于传统汽车的排放量，甚至为零。综上所述，绿色科技对于环境保护的重要性是不可替代的。

绿色科技的发展依赖国家的高度重视和政策支持。科学技术的发展离不开创新，而创新则需要大量的研发资金。因此政府需要坚定不移地加强对绿色科技研发和创新企业的政策支持，并在财政上加大投入，保障绿色科技的健康发展。

绿色科技企业要加大科研投入，增强创新能力，增强核心竞争力。绿色科

---

[1] 陈庆修：《推动绿色发展要抓住科技创新这个关键》，《经济日报》2018 年 7 月 26 日。

技企业不能满足于现有的科技成果,而应坚定绿色科技减少浪费、节约资源、减少污染的发展方向,加强科技研发的能力,形成自己的核心竞争力。同时,企业也要善于利用政府的相关政策和税收支持,降低成本;善于利用金融市场,合理地通过发行股票和债券等多种形式融资。

广大人民要坚定对绿色科技的信心,做绿色科技发展的坚强后盾。我国人民要加强对绿色科技创新的信心,支持搭载绿色科技产品的发展,根据自身经济能力合理购买相关产品,助力生态环境的保护和治理。

三、建立多元化环境投资体系,增强物质资本推动力

良好的生态环境是实现可持续发展的基石,现代中国在实现经济发展的同时,面临着越来越严峻的环境形势。譬如野生动物的灭绝、空气质量的恶化。在农业方面给予人类强有力的警示,呼吁人们认真思考人类社会发展的问题。现在我国面临的具体问题包括城市生活垃圾的处理、大气污染的处理、工业污水的处理以及二氧化碳的排放量控制等。

为了推动国家更好发展,需要建立多方面的环境保护政策。建立多元化投资体系,一是积极争取并统筹利用好地方政府财政资金,同时充分发挥地方政府专项债券的撬动和牵引作用。二是构建市场化投融资体制,积极探索平台公司多元化、市场化融资模式。政府应提前做好投融资规划,立足全局考虑投资,合理利用各种投融资模式。融资渠道,各有不同的特点优势,它们不是非此即彼的关系,是可以相互融合相互补充的。在各自适用领域,可选择对应的融资模式,而在交叉重叠范围内,除单独使用一种融资模式外,还可以混合使用。近年来,中国的创新浪潮正在新一代企业家的努力下爆发,为各个企业提供了具有活力的融资服务体系。但是,我们也要警惕一些浑水摸鱼的投机者,利用行业扶持资金和注册制进行概念套利。上市可以为企业提供直接融资的服务,但也会伴随着一些短期逐利的行为。[①]

物质资本在产业经济中占主导地位, 其中就包括建立多元化环境投资体

---

① 王海玲:《构建促进学生自主创新发展的多元化课程体系》,《基础教育参考》2013 年第 1 期。

系,增强物质资本推动力。建立多元化环境投资体系需要社会各方面的参与。

第一,政府要加大扶持和投资力度,鼓励环境保护型、资源节约型企业发展,给予这类企业一定的政策扶持和税收优惠等。

第二,不断推进绿色金融创新,加快发展环保产业投资基金。相关政府监管部门对这些绿色金融创新应持鼓励支持态度, 并进一步扶持环保产业投资基金发展。①

第三,要加强公众参与度。多组织一些环境保护公益项目,鼓励公众为环境保护贡献自己的一份绵薄之力,将筹集到的款项用于建设更多的环境保护基础设施,以便更好地做到节约、利用资源,在环境污染发生前防患于未然,在环境污染发生后及时治理、补救。只有全社会齐心协力,社会各方积极合作,才能为建立多元化环境投资体系提供更强大的物质保障,增强物质资本的推动力。

第三节　生态发展是经济转型的未来方向

一、环境投资是扩大就业和刺激经济增长的新引擎

环境投资,是指为了防止环境污染,防范、减轻或消除环境质量下降,用来维护、恢复、保护和发展环境所支出的总费用。随着全世界环境问题的日益突出,世界各国国民生产总值中环境投资的份额都在不断增大。环境投资将会是我国扩大就业和刺激经济增长的新引擎。当然, 环境投资不仅顺应了时代潮流,而且还深入贯彻了新时代精神,造福人类未来。

我国作为世界上最大的发展中国家,自改革开放以来,环境状况已面临严峻挑战,人口多,资源稀缺的问题不断出现。党的十九大报告提出了新时代中国特色社会主义思想和基本方略,坚持人与自然和谐共处,深刻强调了环境问题的解决方针。环境投资也可以降低失业率,是刺激经济增长的新引擎。

2013 年 5 月, 习近平总书记在十八届中央政治局第六次集体学习时指

① 郭朝先:《多元化环保投融资体系的完善》,《改革》2017 年第 10 期。

出，"生态兴则文明兴，生态衰则文明衰"。生态环境保护是功在当代、利在千秋的事业。人类社会的发展史在一定程度上就是一部人与自然打交道的历史，处理人与自然的关系始终是人类文明发展的主线。[①] 现在我国已经出现了很多环境投资公司。以成都环境集团为例，不仅服务民生，还提高了当地的就业率，带动了经济增长。

回顾大多数发达国家的发展历程，总体上，都是不断地加强环境保护法规、标准和各项政策措施的制定与施行，不仅有效改善了环境质量，而且优化了经济发展方式，产生了新的经济增长点。[②] 比如，新能源汽车就是未来发展新趋势的产物之一。汽油柴油对环境的污染非常严重，而新能源汽车利用的是电能，可以在一定程度上缓解环境污染问题。一个新行业的产生会扩大就业，比如增加了新能源汽车的研发、生产、销售岗位和其他相关岗位。新能源汽车是消费市场的顶梁柱，在注入了新活力的同时也刺激了经济的增长。

二、生态发展是全球经济转型的未来方向

2013 年党的十八届中央政治局常委会会议上习近平同志明确了生态环境发展、经济建设发展与党的宗旨的联系，并指出了不对环境进行发展与保护的后果："没有生态保护与发展的生产总值目标实现翻一番，也还会有环境问题以及资源问题前来阻碍总体的发展。想一想，在现有基础上不转变经济发展方式实现经济总量增加一倍，产能继续过剩，那将是一种什么样的生态环境？经济上去了，老百姓的幸福感大打折扣，甚至产生强烈且不满情绪，那是什么形势？所以，我们不能把加强生态文明建设、加强生态环境保护、提倡绿色低碳生活方式等仅仅作为经济问题。这里面有很大的政治。"[③]

生态环境是人们生活和生存所依赖的根本所在，生态发展是全球经济转型的未来方向。

---

① 王永康：《绿水青山与金山银山》，《求是》2014 年第 16 期。

② 张志鹏、方卫：《试论环境保护对经济发展的促进作用》，《生产力研究》2013 年第 8 期。

③ 《习近平在十八届中央政治局常委会会议上关于第一季度经济形势的讲话》，2013 年 4 月 25 日。

全球生态环境问题得依靠全球各个国家站在统一战线，一起改变经济发展模式，做到在不破坏环境的情况下保持经济发展。习近平总书记曾经说过：绿水青山和金山银山决不是对立的，关键在人，关键在思路。保护生态环境就是保护生产力，改善生态环境就是发展生产力。让绿水青山充分发挥经济社会效益，不是要把它破坏了，而是要把它保护得更好。①

"追求人与自然和谐""追求绿色发展繁荣""追求热爱自然情怀""追求科学治理精神""追求携手合作应对"，②这五个追求是习近平主席针对绿色发展、生态发展所提出的五个重点内容。

"放眼未来世界，我们需要面对的是百年中国未有之大变局。"③未来15年是中国比较优势转型的时期，是中国崛起为新兴大国的关键时期，也是国际格局大调整的时期。在多种因素的共同作用下，国际经济格局将发生重大变化。对此，我们要认清形势、把握方向，发挥自身优势、弥补短板，不断提升企业的国际市场竞争力，在新的国际社会经济管理格局下实现趋利避害。

中华民族历来尊重自然、热爱自然。绵延5000多年的中华文明孕育了丰富的生态文化，形成了中华民族天人合一、自然合一的崇高追求。党的十八大以来，受中华民族传统文化滋养和浸润，在习近平生态文明思想指引下，在新时代我国大力弘扬尊重自然科学规律、维护生态系统平衡的中华优秀传统生态旅游文化，持续生动诠释和践行绿水青山就是金山银山的理念。摒弃奢侈浪费，追求简约适度、绿色低碳、文明健康的生活方式已成为人们社会生活的主流文化。

近年来，世界主要发达国家的碳生产率、能源生产率和原材料生产率都有所提高。展望2035年，实现可持续发展目标，促进世界经济发展，治理污染，推动低碳绿色发展，正成为各国经济发展的主流。绿色发展对国际经济格局具有

①《习近平在参加十二届全国人大二次会议贵州代表团审议时的讲话》，2014年3月7日。

②《习近平在2019年中国北京世界园艺博览会开幕式上的讲话》，2019年4月28日。

③《习近平在接见回国参加2017年度驻外使节工作会议的全体使节时的重要讲话》，2017年12月28日。

重要影响,将形成技术创新、产业发展、污染减排的倒逼机制,推动绿色创新和绿色产业发展,形成新的经济增长点。①

如今,中国生态文明建设进入了快车道,我国生态文明建设进入一个国家必须紧紧抓住并且可以大有作为的重要战略机遇期。与此同时,展望世界和未来,今天的世界正在经历一个世纪以来最大的变化。随着反全球化、霸权主义和强权政治的兴起,国际社会面临着越来越多的新任务和新挑战。中国倡导的生态文明建设和世界可持续发展理念、联合国 2030 年可持续经济发展议程目标相近、理念相通,有最大利益契合点和最佳合作切入点。我国要建设生态文明体系,增强制度自信,保持战略高度,全面推进生态文明建设。

三、"绿色"竞争将成为全球竞争的焦点

当今世界经济全球化快速发展,各国都在大力发展本国经济,甚至以牺牲环境的代价来发展重工业。长此以往,地球环境必将千疮百孔,频频发生的地震、海啸和冰川融化等灾害,已经在警示我们,"绿色"竞争要成为经济竞争的焦点。

19 世纪中期,第一次工业革命将全球十分之一的人口带入了蒸汽时代,但污染传播、资源过度开发等问题也成了工业革命所带来的"恶果"。因此大力推动生态文明建设,推动绿色经济全球化替代经济全球化,已成为当今世界发展的重要任务。

习近平总书记说过:"纵观人类文明发展史,生态兴则文明兴,生态衰则文明衰。杀鸡取卵、竭泽而渔的发展方式走到了尽头,顺应自然、保护生态的绿色发展昭示着未来。地球是全人类赖以生存的唯一家园。我们要像保护自己的眼睛一样保护生态环境,像对待生命一样对待生态环境,同筑生态文明之基,同走绿色发展之路。"②在"绿色"将成为全球竞争焦点的时代大背景下,我国企业的绿色竞争显得格外重要。在习近平新时代中国特色社会主义思想中也提到了"坚持人与自然和谐发展",可以看出我国新时代的发展对绿色与自然的

---

① 王海峰:《国际经济和治理格局变动趋势》,《宏观经济管理》2014 年第 2 期。
②《习近平在 2019 年中国北京世界园艺博览会开幕式上的讲话》,2019 年 4 月 28 日。

重视程度也越来越高。对于企业来说,绿色竞争力是衡量企业可持续发展和环保的一个重要因素。企业绿色竞争力是基于环境保护、绿色贸易体制和企业可持续发展的现实而提出的概念,其内涵集中表现在发展度、协调度和持续度三个方面。

要增强企业绿色竞争力,就要做好绿色生产、绿色管理体系、绿色供应链、绿色营销、绿色财务核算五个方面。要做好绿色生产,需要采取高新科技,保证产品生产环节的绿色高效;要做好绿色管理体系,需要做到从管理层到员工每个人都要提高道德素养,每一个环节都不能出现纰漏;要做好绿色供应链,需要从采购源头做起,再到设计物流和销售等环节,如降低包装的废料等;要做好绿色营销,需要做到树立良好的企业绿色形象,引导消费者了解绿色产品的市场地位;要做好绿色财务核算,需要做到在企业年报中明确标明环境投入和收益。

世界主要国家都发布了"绿色新政",显示了国际上"绿色竞争"的氛围日益激烈。面对新一轮绿色健康经济发展的时机,谁掌握了主动权,谁就掌握了未来。因此,绿色竞争必将成为全球关注的焦点。

企业要想在全球竞争中生存和发展,必须坚定不移地把握绿色健康竞争的核心。绿色健康竞争的大环境中孕育的应对方案就是绿色健康策略。企业实施绿色健康策略治理不但能使企业获得综合环境效果和利益,也能减轻社会和政府的重压。实施绿色健康策略的基础是树立绿色健康理念。企业绿色健康营销理念是绿色健康营销的指导思想。

结合当前企业状况及其长期业务目标,绿色健康营销策略主要从以下几个方面思考:

第一,争取绿色健康标志。绿色健康标志也被称为环境标志。它表明商品的制造、应用和处理契合环保要求,不危害人体健康,产生的废物是无害的或危害最小化,并有利于能源再生和回收利用。绿色健康标志被誉为进入市场的绿色健康签证。

第二,开发绿色健康商品,建立绿色健康品牌。绿色健康商品的开发是绿色健康营销的支持点。绿色健康商品应具有以下特征:商品本身的安全和卫生应有利于消费群体的健康;应用商品不会破坏环境;商品易于回收利用。要开发绿色健康商品,必须从商品设计、制造、包装、应用、废物处理等方面对环境的影响进行改良。无论是从制造过程到耗费过程,还是从外部包装到废物的回收,都应有利于人体健康,有利于改善环境。

第三,积极引导绿色健康消费。完整的绿色健康营销流程应包括引导和教育消费群体。企业不应仅仅满足绿色健康需求,还应培养和强化消费群体绿色健康意识,积极创造绿色健康需求。

2020 年 3 月 18 日,河南能源化工集团贵州豫能投资有限公司,当天生产煤炭 10216 吨,销售 12478 吨,自复工复产以来首次实现"双超万",呈现产销两旺的良好态势。"最重要的是,我们实现了经济效益和生态效益的双赢。"贵州豫能董事长杨青松说。近年来,该公司不断加大瓦斯发电装机量和利用力度,把抽上来的瓦斯转换成电能,不仅满足了企业生产需要,剩余电量还向外销售,"该项目的建成投用,极大减少了对大气的污染"①。

随着时代的发展,绿色发展已经成为世界潮流,成为 21 世纪世界发展的主题。作为人口大国,我国最稀缺的就是生态资本、生态财富。科学认识环境保护对经济的作用机理,包括长期和短期的影响、显性和隐性的影响、积极和消极的作用,有助于公众及各级政府正确认识金山银山与绿水青山的关系,深刻领会中央《关于加快推进生态文明建设的意见》的要求,自觉落实中央的决策部署,更好地推进环境保护事业与国民经济协调发展。②

如今"绿色"竞争已经成为全球竞争的焦点。无论是从破解资源环境约束和改善人民群众生产生活条件的角度,还是从抢占未来国际竞争制高点的角度,我国都必须加快转变经济发展方式,把节能增效减排作为推进绿色低碳发展的重要抓手和切入点,进一步提高对节能减排和绿色低碳发展重要性的认识,增强紧迫感和责任感,促进我国经济社会全面协调可持续发展。

---

① 许可:《绿色经营与企业竞争优势》,《大观周刊》2013 年第 5 期。
② 张志鹏、方卫:《试论环境保护对经济发展的促进作用》,《生产力研究》2013 年第 8 期。

尾声:生态文明建设需要国家顶层设计下的系统支持

经济发展不能以破坏环境为代价,实践证明了这一点。生态效益本身就是经济效益,保护生态环境就是发展生产力的一部分。要在保护好生态环境的前提下,走可持续发展之路,转变原有的、以破坏环境为基础的生产经营方式,要把生态效益更好地转化为经济效益。同时,生态文明建设需要国家战略性的支持才能更好地实现。

一、生态文明建设的发展历程

在中国特色社会主义生态文明建设的过程中,既要立足于基本国情,也要充分了解国际环境条件,顺应时代发展潮流,加强生态文明建设的组织建设。借鉴国内外部分地区探索出来的生态文明建设的优秀成果,取其精华去其糟粕,提高我国生态文明建设的能力,推动生态文明建设制度行稳致远。中国有关生态文明建设的宏观战略基本形成,可持续发展之路是我国在不断发展进步之中摸索出来的道路,将生态文明建设作为可持续发展重要的一环,也更符合我国国情。

二、国家在生态文明建设中的措施

落实好出台的一系列改革措施的同时,大力宣传对保护环境、爱护自然作出巨大贡献的模范人物,弘扬正能量,促进全民行动。因地制宜地制订建设方案,更有利于打好基础、保护自然和修复生态环境。当今国际形势处于百年未有之大变局,我国生态文明建设处于压力剧增、制度革新的重要时期,我们应该有能力有信心解决生态环境突出的问题。

通过强化国土空间规划和用途管控,划定自然保护区,确保基本农田区,始终将饭碗端在自己手上,兼顾城乡发展一体化,多措并举推动生产生活方式向绿色健康转型。通过制度引导和加强宣传力度,提高人民保护环境的意识,让人民参与进来,加强监督,提高治理水平和能力,解决人民关心的热点问题。引入社会资源,提高监管效率,认真做好放管服,让积极参与生态文明建设的理念深入人心,提升人民自豪感和民族自尊心。

三、生态文明建设的重大意义

自 21 世纪以来,生态文明建设成为每个国家治理的重中之重。在生态环境方面,不少国家都大力推动构建无污染或减少污染措施,新时代的中国对生态文明建设也有了新的理解。

和世界其他国家一样,我国经历了一个向自然进军、改造自然的过程。但在快速发展的同时也给自然生态系统带来了很大的破坏,这导致了森林消失、土地沙化、空气污染等自然灾害。人类社会发展至今已经充分意识到人与自然是一种生死与共的关系,所以面对生态环境我们需要有自己的治理方案与系统的支持。

生态文明建设是一个长期过程,不是一家一力能够完成的,需要统筹全局,需要国家战略性的系统支持。

(一)人与自然和谐发展新格局

第一,在新时代的社会发展过程中,全民应树立把节约资源放在首位的理念。在生活、生产中做到不浪费或减少浪费,不能无节制地浪费资源。第二,坚持保护优先、自然恢复为主。在生态环境保护制度中,要实行预防为主、源头治理的新方针,不要过度地开发资源,导致资源不可再生利用。第三,形成节约资源和保护环境的空间格局、产业结构、生产方式、生活方式。在现代化建设中,要节约空间,减少对环境的污染,最大限度地留下绿水青山。

(二)生态文明体制改革

第一,着力解决突出环境问题。加快解决水污染、土地污染、废弃物垃圾、气体排放等问题,构建政府为主体、社会全体共同参与的治理体系。第二,加大生态环境保护力度。加大保护环境的决心,开展绿色行动,从各个生态环境领域解决污染问题。第三,改革生态环境监管体制。设立新型综合性管理机构,明确各部门的职责,处理好自然资源资产所有者权利和管理者权力,让生态环境监管体制最大限度地起到保护生态环境的作用。

总而言之,生态文明建设不仅是我国未来的建设重点,而且还是全世界不得不面对的一个非常紧迫的建设问题,各国都应该意识到这一问题的重要性,为生态环境的维护和修复贡献力量,这样才能真正实现可持续发展。

绿色生态发展在当代国际政治经济文化发展中的地位越来越突出, 也越来越重要。我国在生态环境治理方面,这些年来也在采取积极的措施,不断借鉴国外优秀的治理方法,不断结合我国实际国情,推出适合我国的生态治理措施。

政治方面,我国充分认识到想要长远发展,牺牲生态环境是不可取的,要尊重自然,保护自然,与自然和谐相处,才能长远地发展,造福子孙。所以,我国提出了要加快转变经济发展方式,实施创新驱动发展战略,提出优、节、保、建四大战略任务,为我国生态文明建设提供有力的政治保障。

经济方面,我国正处于经济高速发展的时期,我们积极借鉴世界先进发达国家的发展经验,积极学习它们的正确的生态文明建设措施。不但要注重经济的快速发展,更要注重生态环境的保护,做到可持续发展。各省市也要积极响应,并根据自身的具体情况,建立符合自身省市可持续发展的生态文明建设机制。

社会方面,不仅需要国家支持,还需要每个公民参与其中,尽到自己的义务,从小事做起,为保护环境和生态文明建设作出贡献。需要制定协同联动体制机制,加大对山水林田湖草等各种生态要素的治理力度,推动地区之间的互动协作。不断改善大气、河流、土壤等环境质量。需要大力发展绿色经济,完善绿色发展政策体系,协同推进经济与生态环境高质量发展。全面提高资源的利用效率,形成资源管理的制度体系,合理配置资源、勤俭节约,提高回收利用率。减轻环境负担,既符合可持续发展理念,又造福子孙后代。

文化方面,国家加大生态文明建设的宣传力度,在社区、学校通过网络直播、政治教育等形式让生态文明建设深入人心。建设生态文明教育示范,让社会大众了解到生态文明建设的内涵和重要性。

相信在党的领导下、在全国人民共同努力下,我国的生态环境将会越来越好。把生态文明建设放在我国发展的突出位置,将其融入经济建设、政治建设、文化建设、社会建设各方面和发展的整个过程,努力实现美丽中国这一伟大而美好的愿望,进而实现中华民族的永续发展及伟大复兴。

参考文献

一、图书类

[1] 奥尔多·利奥波德. 沙乡年鉴[M]. 长春:长春出版社,1997.

[2] 毛泽东. 毛泽东著作选读:下[M]. 北京:人民出版社,1986.

[3] 江泽民. 江泽民论有中国特色社会主义:专题摘编[M]. 北京:中央文献出版社,2002.

[4] 江泽民. 江泽民文选:第3卷[M]. 北京:人民出版社,2006.

[5] 江泽民. 江泽民文选:第1卷[M]. 北京:人民出版社,2006.

[6] 刘举科. 中国生态城市建设发展报告(2012)[M]. 北京:社会科学文献出版社,2012.

[7] 习近平关于社会主义生态文明建设论述摘编[M]. 北京:中央文献出版社,2017.

[8] 马克思恩格斯选集. 第4卷[M]. 北京:人民出版社,1995.

[9] 国家统计局城市社会经济调查总队. 1999年中国城市统计年鉴[M]. 北京:中国统计出版社,1999.

[10] 曹荣湘. 生态治理[M]. 北京:中央编译出版社,2015.

[11] 恩格斯. 自然辩证法[M]. 北京:人民出版社,1984.

[12] 毛泽东思想和中国特色社会主义理论体系概论[M]. 北京:高等教育出版社,2015.

[13] 十八大以来重要文献选编(上)[M]. 北京:中央文献出版社,2014.

[14] 马克思恩格斯全集. 第42卷[M]. 北京:人民出版社,1979.

[15] 毛泽东. 毛泽东文集. 第8卷[M]. 北京:人民出版社,1999.

[16] 习近平总书记系列重要讲话读本(2016年版)[M]. 北京:人民出版社,2016.

二、期刊类

[17]原立红，朝克.中国传统文化中生态思想资源现代转化的可能性思考[J].理论学刊,2009(09).

[18]曹孟勤.生态认识论探究[J].自然辩证法研究,2018(10).

[19]周幸.加强生态文明建设 促进和谐社会发展 [J].现代经济信息,2011(13).

[20]曾贤刚.如何提高我国企业的环境竞争力[J].生态经济,2004(04).

[21]孙文营.生态文明建设在"五位一体"总布局中的地位和作用[J].山东社会科学,2013(08).

[22]庄贵阳,薄凡.厚植生态文明 耕耘美丽中国[J].时事报告大学生版,2018(2).

[23]刘拓知.浅议生态文明建设[J].中国市场,2012(52).

[24]李新挪.建设生态文明的重要性及其意义[J].祖国,2013(21).

[25]周斌.2022冬奥背景下京北地区绿色发展战略研究初探[J].中国环境管理,2018(06).

[26]范东君.我国生态环境保护管理体制存在问题、原因及应对之策[J].湖南工程学院学报(社会科学版),2017(02).

[27]周生贤.中国特色生态文明建设的理论创新与实践 [J].求是,2012(19).

[28]习近平.推动我国生态文明建设迈上新台阶[J].求是,2019(03).

[29]张永亮,俞海.中国生态环境管理体制改革思路与方向:国际社会的观察与建议[J].中国环境管理,2015(01).

[30]胡海兰,安和平.贵州民族地区人口城镇化建设和生态保护研究[J].长春理工大学学报,2015(03).

[31]顾钰明.论生态文明制度建设[J].福建论坛(人文社会科学版),2013(06).

[32]许冰峰.绿色科技创新评价指标体系与方法研究[J].闽江学院学报,2005(05).

[33]王宪才.推动法治化,地方有作为[J].中国生态文明,2019(01).

［34］高小平,刘洪岩.双创:国家治理现代化的重大制度创新[J].理论与改革,2017(06).

［35］杨建军,闫仕杰.共享发展理念视域下社会治理精细化:支撑、比照与推进[J].理论与改革,2016(05).

［36］张康之,向玉琼.走向合作的政策问题建构[J].武汉大学学报,2016(04).

［37］邓禅."健康中国"战略中三个理念的转变[J].湖南大众传媒职业技术学院学报,2018(04).

［38］周宏春.改革开放40年来的生态文明建设[J].中国发展观察,2019(01).

［39］张娅楠.石油能源对中国经济的影响[J].经济研究导刊,2012(13).

［40］刘芳.浅析生态环境问题[J].生物技术世界,2013(02).

［41］任美丽,韩冬冰,孙磊.哈大齐工业走廊开发与生态合作问题的研究[J].黑龙江科技信息,2011(11).

［42］赵文,王万山,陈胜才.习近平关于党建引领生态文明发展的思想研究[J].九江学院学报(社会科学版),2020(3).

［43］许伟.新中国70年生态文明建设的成就与经验[J].决策与信息,2019(12).

［44］彭金玉.当代西方生态政治理论的健康启示[J].云南社会科学,2005(3).

［45］郑莹.来自北欧的朋友:携手双"E"合作 共创健康经济[J].重庆与世界,2015(9).

［46］任力,华李成.英国的"低碳转型计划"及其政策启示[J].城市观察,2010(3).

［47］王会芝.日韩健康经济发展实践及其启示[J].东北亚学刊,2016(5).

［48］韩承勋.浅析韩国低碳健康成长基本法[J].世界环境,2016(1).

［49］万劲波,张滨翔.俄罗斯的环境管理政策[J].北方环境,2001(2).

［50］边红枫.生产方式文明是生态文明建设的重要内容[J].资源节约与环保,2013(1).

［51］黄承梁.中国共产党领导新中国70年生态文明建设历程[J].党的文献,2019(5).

［52］张玉秀.大力推进生态文明建设[J].卷宗,2013(12).

［53］潘岳.论社会主义生态文明[J].绿叶,2006(10).

［54］李敏.生态文明建设引领绿色冶金发展[J].天津冶金,2020(1).

［55］陈伟.新时代中国推进生态文明建设的战略选择［J].中国软科学,2019(3).

［56］储著斌.习近平强化公民意识重要论述的丰富内涵［J].中南林业科技大学学报(社会科学版),2019(3).

［57］张勤勤.论低碳时代的思想政治教育生态价值［J].广西教育学院学报,2013(2).

［58］张乐民.马克思主义生态文明思想与开创生态文明新时代［J].理论学刊,2013(10).

［59］钟经文.论中国经济发展新常态[J].中国中小企业,2014(9).

［60］冯昕.大力推进生态文明建设实现虎林绿色、循环、永续发展[J].奋斗,2013(1).

［61］伍国勇,段豫川.论超循环经济——兼论生态经济、循环经济、低碳经济、绿色经济的异同[J].农业现代化研究,2014(1).

［62］张群.循环经济发展的问题及建议[J].中国金属通报,2013(13).

［63］施卫华.以创新驱动促进产业结构的优化升级［J].广东经济,2013(5).

［64］周贤胜.坚定不移走转型发展之路[J].中国邮政,2014(6).

［65］高鹏.浅谈社会主义生态文明建设[J].决策与信息,2014(12).

［66］田海英.大力推进生态文明建设[J].中国文房四宝,2013(7).

［67］李廷瑞.关于加强农村生态环境保护的建议［J].天津人大,2013(10).

［68］林言.绿水青山就是金山银山[J].浙江林业,2015(3).

［69］田恩花.加强农村环境污染治理保护城镇生态环境［J].吉林农业,2016(18).

［70］王海玲.构建促进学生自主创新发展的多元化课程体系［J］.基础教育参考,2013(1).

［71］郭朝先.多元化环保投融资体系的完善[J].改革,2017(10).

［72］王永康.绿水青山与金山银山[J].求是,2014(16).

［73］张志鹏,方卫.试论环境保护对经济发展的促进作用［J］.生产力研究,2013(8).

［74］王海峰.国际经济和治理格局变动趋势[J].宏观经济管理,2014(2).

［75］许可.绿色经营与企业竞争优势[J].大观周刊,2013(5).

三、报告政策类

［76］习近平.坚决打好污染防治攻坚战 推动生态文明建设迈上新台阶［R］.2018—05—19.

［77］习近平在全国卫生与健康大会上的讲话[R].2016—08—20.

［78］习近平在海南考察工作结束时的讲话[R].2013—04—10.

［79］习近平在十八届中央政治局第六次集体学习时的讲话［R］.2013—05—24.

［80］习近平在十八届中央政治局第四十一次集体学习时的讲话[R].2017—05—26.

［81］习近平在中央财经领导小组第六次会议上的讲话［R］.2014—06—13.

［82］习近平在中央财经领导小组第五次会议上的讲话［R］.2014—03—14.

［83］加强矿产资源勘查、保护与合理开发——学习十八大报告有关资源与生态论述的心得之五[R].国土资源部,2012—11—28.

［84］关于构建现代环境治理体系的指导意见[R].中共中央办公厅,国务院办公厅,2020—03—03.

［85］河南省生态环境厅关于加强涉生态环境境外非政府组织在豫活动管理工作的通知[R].河南省生态环境厅办公室,2019—12—31.

［86］中共中央国务院关于全面加强生态环境保护 坚决打好污染防治攻

坚战的意见[R].2018—06—24.

[87]习近平在十八届中央政治局常委会会议上关于第一季度经济形势的讲话[R].2013—04—25.

[88]习近平在参加十二届全国人大二次会议贵州代表团审议时的讲话[R].2014—03—07.

[89]习近平在2019年中国北京世界园艺博览会开幕式上的讲话[R].2019—04—28.

[90]习近平在接见回国参加2017年度驻外使节工作会议的全体使节时的重要讲话[R].2017—12—28.

四、新闻报道类

[91]周宏春.生态文明建设发展进程[N].天津日报,2018—11—12.

[92]周生贤.努力开创环境科技工作新局面[N].人民日报,2006—08—18.

[93]许耀桐.应提"国家治理现代化"[N].北京日报,2014—06—30.

[94]王朋岭.2018年:全球气候系统变暖趋势持续[N].光明日报,2019—04—18.

[95]刘学谦,金英淑.韩国"绿色成长战略"对中国的启示[N].经济日报,2012—05—04.

[96]刘毅,寇江泽.以习近平同志为核心的党中央高度重视生态文明建设 坚定不移走生态优先绿色发展之路[N].人民日报,2020—05—14.

[97]陈庆修.推动绿色发展要抓住科技创新这个关键[N].经济日报,2018—07—26.

[98]王丹.生态兴则文明兴,生态衰则人民衰[N].光明日报,2015—05—08.

[99]钟季华.着力把握环境治理和生态保护的新要求[N].中国纪检监察报,2018—04—05.

[100]白泉.高举生态文明大旗 扎实推进节能增效[N].中国改革报,2017—06—14.

［101］白泉.发挥节能增效对绿色发展的支撑作用［N］.光明日报,2017—08—10.

［102］谷树忠.推进我国生态文明高质量建设［N］.团结报,2020—12—05.

［103］高世楫.着力构建绿色发展的体制机制［N］.中国经济时报,2018—12—18.

后　记

在党的十九届五中全会通过的"十四五"规划和 2035 年远景目标纲要中，明确提出了"推动绿色发展，促进人与自然和谐共生"，并对我国生态文明建设提出了新的具体要求，到 2035 年生态环境根本好转，美丽中国建设目标基本实现。"十四五"时期，我国生态文明建设进入了以降碳为重点战略方向、推动减污降碳协同增效、促进经济社会发展全面绿色转型、实现生态环境质量改善由量变到质变的关键时期。在这一时期，要从国家宏观治理入手，从顶层设计上提高生态文明建设在国家现代化治理体系中的地位，加快推动绿色低碳发展，持续改善环境质量，提升生态系统质量和稳定性。

在本书的写作和出版过程中，得到了山西省社会科学院晔枫研究员、山西经济出版社副总编辑李慧平、第一编辑室主任申卓敏、编辑侯轶民的大力支持、指导及帮助，在此一并向他们表示由衷的感谢！

由于作者水平有限、时间仓促，本书难免会有错误和不足之处，敬请读者给予批评和指正。

作者

2021 年 8 月

图书在版编目(CIP)数据

国家治理体系下的生态文明建设 / 徐筝, 郭霞著.
-- 太原：山西经济出版社，2022.6
（生态文明建设思想文库 / 杨茂林主编. 第二辑）
ISBN 978-7-5577-1009-5

Ⅰ.①国… Ⅱ.①徐… ②郭…Ⅲ.①生态环境建设
—研究—中国 Ⅳ.①X321.2

中国版本图书馆 CIP 数据核字(2022)第 106157 号

国家治理体系下的生态文明建设

著　　者：徐　筝　郭　霞
责任编辑：侯轶民
封面设计：阎宏睿

出 版 者：山西出版传媒集团·山西经济出版社
社　　址：太原市建设南路 21 号
邮　　编：030012
电　　话：0351-4922133（市场部）
　　　　　0351-4922085（总编室）
E-mail：scb@sxjjcb.com（市场部）
　　　　　zbs@sxjjcb.com（总编室）

经 销 者：山西出版传媒集团·山西经济出版社
承 印 者：山西出版传媒集团·山西人民印刷有限责任公司

开　　本：787mm×1092mm　　1/16
印　　张：12.5
字　　数：190 千字
版　　次：2022 年 9 月　第 1 版
印　　次：2022 年 9 月　第 1 次印刷
书　　号：ISBN 978-7-5577-1009-5
定　　价：48.00 元